"十四五"时期国家重点出版物出版专项规划项目

现代数学基础丛书 201

随机分析与控制简明教程

熊 捷 张帅琪 著

科学出版社

北 京

内 容 简 介

本书介绍随机分析及随机控制的基本理论与方法. 第 1 章介绍布朗运动与鞅, 涵盖定义、停时定理、Doob 不等式、下鞅的 Doob-Meyer 分解定理、Meyer 过程等内容; 第 2 章介绍随机积分、Itô 公式、鞅表示定理, 以及测度变换的 Girsanov 定理. 第 3 章介绍随机微分方程基础: 解的存在唯一性、解对系数的连续依赖性等; 第 4 章介绍倒向随机微分方程的基本内容; 第 5 章给出了随机控制问题的基本框架, 用凸变分的方法推导最大值原理 (包括线性二次控制问题的求解)、动态规划原理, 以及两者之间的联系. 每章配有习题.

本书可作为随机分析及控制方向研究生学习基础知识的入门读物.

图书在版编目(CIP)数据

随机分析与控制简明教程/熊捷, 张帅琪著. —北京: 科学出版社, 2024.3
(现代数学基础丛书; 201)
ISBN 978-7-03-076790-5

Ⅰ.①随⋯ Ⅱ.①熊⋯ ②张⋯ Ⅲ.①随机分析–研究生–教材 ②随机控制–研究生–教材 Ⅳ.①O211.6

中国国家版本馆 CIP 数据核字(2023) 第 203301 号

责任编辑: 李 欣 贾晓瑞 / 责任校对: 杨聪敏
责任印制: 张 伟 / 封面设计: 陈 敬

科 学 出 版 社 出版
北京东黄城根北街 16 号
邮政编码: 100717
http://www.sciencep.com

北京厚诚则铭印刷科技有限公司 印刷
科学出版社发行 各地新华书店经销
*
2024 年 3 月第 一 版 开本: 720×1000 1/16
2024 年 3 月第一次印刷 印张: 7 3/4
字数: 155 000
定价: 68.00 元
(如有印装质量问题, 我社负责调换)

"现代数学基础丛书"序

在信息时代，数学是社会发展的一块基石.

由于互联网，现在人们获得数学知识和信息的途径之多和便捷性是以前难以想象的. 另一方面人们通过搜索在互联网获得的数学知识和信息很难做到系统深入，也很难保证在互联网上阅读到的数学知识和信息的质量.

在这样的背景下，高品质的数学书就变得益发重要.

科学出版社组织出版的"现代数学基础丛书"旨在对重要的数学分支和研究方向或专题作系统的介绍，注重基础性和时代性. 丛书的目标读者主要是数学专业的高年级本科生、研究生以及数学教师和科研人员，丛书的部分卷次对其他与数学联系紧密的学科的研究生和学者也是有参考价值的.

本丛书自 1981 年面世以来，已出版 200 卷，介绍的主题广泛，内容精当，在业内享有很高的声誉，深受尊重，对我国的数学人才培养和数学研究发挥了非常重要的作用.

这套丛书已有四十余年的历史，一直得到数学界各方面的大力支持，科学出版社也十分重视，高专业标准编辑丛书的每一卷. 今天，我国的数学水平不论是广度还是深度都已经远远高于四十年前，同时，世界数学的发展也更为迅速，我们对跟上时代步伐的高品质数学书的需求从而更为迫切. 我们诚挚地希望，在大家的支持下，这套丛书能与时俱进，越办越好，为我国数学教育和数学研究的继续发展做出不负期望的重要贡献.

席南华

2004 年 1 月

前　　言

随机分析是现代概率论的重要分支之一, 涵盖内容非常丰富, 在数理金融、数学物理等领域有广泛应用. 本书旨在精练介绍随机分析的基本内容, 以便初学者迅速掌握. 最后介绍了随机控制的基本方法, 包括线性二次控制问题, 适合初学者尽快进入该研究领域.

第 1 章介绍了布朗运动与鞅, 涵盖定义、停时定理、Doob 不等式、下鞅的 Doob-Meyer 分解定理、Meyer 过程等内容.

第 2 章介绍了随机积分、Itô 公式、鞅表示定理, 以及测度变换的 Girsanov 定理. 这部分内容不仅在随机分析中至关重要, 在随机控制、随机滤波以及数理金融中也是常用的研究工具.

第 3 章介绍了随机微分方程, 包括解的存在唯一性、解对系数的连续依赖性等. 这两部分内容不仅是随机微分方程关心的重点, 也是倒向随机微分方程、正倒向随机微分方程的基本问题.

倒向随机微分方程理论奠定了随机控制的理论基础, 第 4 章详细介绍了这类方程的基本内容.

第 5 章给出了随机控制问题的基本框架, 用凸变分的方法推导最大值原理 (包括线性二次控制问题的求解)、动态规划原理, 以及两者之间的联系.

第一作者于田纳西大学、澳门大学和南方科技大学多次讲授随机分析, 在授课讲义的基础上修改成本书. 它可作为研究生在修完现代概率论以后, 学习随机分析的教材. 适用学时为一学期.

最后, 我们感谢下列同行和学生: 郝涛、季丽娜、李迅、刘会利、刘玉彬、王光臣、王天啸、肖华、张艺赢、万鹤翔、徐文、宋宇. 他们为本书提供了宝贵意见, 也发现了一些笔误. 还要感谢李欣编辑在出版过程中给予的细致帮助. 最后, 感谢国家自然科学基金 (NSFC61873325, NSFC12171086), 江苏省自然科学基金 (BK20221543) 的支持.

熊捷

南方科技大学数学系

杰曼诺夫数学中心

2023 年 9 月 10 日

张帅琪

中国矿业大学数学学院

2023 年 9 月 10 日

目　　录

第 1 章　布朗运动与鞅

本章中我们固定一个完备的概率空间 $(\Omega, \mathcal{F}, \mathbb{P})$ 和其上一族单调递增的子 σ-代数族 $\mathcal{F}_t$ $(t \in \mathbb{T})$, 其中 $\mathbb{T}$ 为时间集. 假定 σ-代数族满足通常的假设: $\mathcal{F}_0$ 包含所有的 $\mathbb{P}$-零测集, $\mathcal{F}_t$ 关于 t 右连续. 除特别说明, 对连续情形, 取 $\mathbb{T} = \mathbb{R}_+ = [0, \infty)$. 对离散情形, 取 $\mathbb{T} = \mathbb{N} = \{0, 1, 2, \cdots\}$. 本书中所有随机过程 $X(\cdot)$ 均假设关于 σ-代数流 $\{\mathcal{F}_t\}_{t \in \mathbb{T}}$-适应, 即对任意的 $t \in \mathbb{T}$, X_t 关于 $\mathcal{F}_t$-可测. 四元组 $(\Omega, \mathcal{F}, \mathbb{P}, \mathcal{F}_t)$ 称作一个随机基.

本章首先介绍鞅的定义及其性质. 然后引入下鞅的 Doob-Meyer 分解及平方可积鞅的 Meyer 过程. 最后, 作为特殊的鞅, 我们给出布朗运动的定义.

1.1　鞅的定义与基本性质

在本节中设 X_t 为一实值随机过程且满足 $\mathbb{E}|X_t| < \infty$, $\forall\, t \in \mathbb{T}$. 我们首先给出鞅的定义, 然后推导停时定理和一些常用的不等式. 特别地, 还将证明鞅的收敛定理. 作为一个应用, 将给出概率论中强大数定律的一个简单证明. 本节先对离散时间进行讨论, 然后推广到连续时间情形. 注意, 对每个定理只给出针对上鞅、下鞅或鞅的一种证明, 其他情况同理可证.

定义 1.1.1　设 $\{X_t\}_{t \in \mathbb{T}}$ 为一随机过程. 如果 $\forall\, s < t$,

$$\mathbb{E}(X_t | \mathcal{F}_s) = X_s \text{ a.s.,} \tag{1.1.1}$$

则称 $\{X_t\}_{t \in \mathbb{T}}$ 为鞅. 如果把以上定义的等号换作不等号, 即

$$\mathbb{E}(X_t | \mathcal{F}_s) \leqslant X_s \quad (\geqslant) \text{ a.s.,}$$

则称 $\{X_t\}_{t \in \mathbb{T}}$ 为上鞅 (下鞅).

首先考虑离散情形. 令 $\mathbb{T} = \mathbb{N}$, X_n 为离散时间随机过程. 令 f_n 为可料过程 (即 f_n 关于 $\mathcal{F}_{n-1}$-可测). 定义变换

$$(f \cdot X)_n = f_0 X_0 + \sum_{k=1}^{n} f_k (X_k - X_{k-1}).$$

注意以上变换恰好是下一章定义的随机积分的离散形式.

命题 1.1.1 若 X_n 是鞅 (上鞅) 且 f_n 为有界 (非负且有界) 可料过程, 那么 $(f \cdot X)_n$ 为鞅 (上鞅).

证明 设 X_n 是鞅. 因

$$(f \cdot X)_n = (f \cdot X)_{n-1} + f_n(X_n - X_{n-1}),$$

故有

$$\mathbb{E}((f \cdot X)_n | \mathcal{F}_{n-1}) = (f \cdot X)_{n-1}.$$

因此, $(f \cdot X)_n$ 是鞅. 另一种情况同理可证. ∎

除考虑固定时刻 t 之外, 还经常需要考虑随机过程在随机时刻 τ 的情况. 这样的随机时刻应该关于 σ-代数 $\mathcal{F}_t$ 是适应的. 换言之, 事件 $\{\tau \leqslant t\}$ 是否发生是能够根据 t 时刻的信息完全判断. 准确地, 我们给出:

定义 1.1.2 设 $\tau: \Omega \to \mathbb{T}$. 如果 $\forall t \in \mathbb{T}$, $\{\tau \leqslant t\} \in \mathcal{F}_t$, 则称 τ 为一个停时. 定义 τ 时刻的 σ-代数为

$$\mathcal{F}_\tau = \{A \in \mathcal{F}: \forall t \in \mathbb{T}, A \cap \{\tau \leqslant t\} \in \mathcal{F}_t\}.$$

记所有停时的集合为 $\mathbb{S}$, 以 T 为界的停时集合为 $\mathbb{S}_T$, 即

$$\mathbb{S}_T = \{\tau | \tau \text{ 是停时且 } \tau \leqslant T\}.$$

注释 1.1.2 直观上讲, 集合 A 是否属于 $\mathcal{F}_\tau$ 在 $\tau \leqslant t$ 的情况下应由 t 之前的信息完全确定.

定理 1.1.3 (停时定理) 令 $X = \{X_n\}_{n \in \mathbb{N}}$ 为鞅 (上鞅). 令 τ, $\sigma \in \mathbb{S}_N$ 满足 $\sigma(\omega) \leqslant \tau(\omega)$, $\forall \omega \in \Omega$. 那么

$$\mathbb{E}(X_\tau | \mathcal{F}_\sigma) = X_\sigma \quad (\mathbb{E}(X_\tau | \mathcal{F}_\sigma) \leqslant X_\sigma) \text{ a.s..} \tag{1.1.2}$$

证明 设 X 为鞅. 令 $f_n = 1_{\sigma < n \leqslant \tau}$. 那么 $f_n = 1_{\sigma \leqslant n-1}(1 - 1_{\tau \leqslant n-1})$ 是 $\mathcal{F}_{n-1}$-可测且

$$(f \cdot X)_N = X_\tau - X_\sigma.$$

由命题 1.1.1 及 $f_0 = 0$, 得 $\mathbb{E}((f \cdot X)_N) = 0$. 因此

$$\mathbb{E}(X_\tau) = \mathbb{E}(X_\sigma).$$

对任意的 $B \in \mathcal{F}_\sigma$, 显然有

$$\tau_B \equiv \tau 1_B + N 1_{B^c}$$

和

$$\sigma_B \equiv \sigma 1_B + N 1_{B^c}$$

为停时且 $\sigma_B(\omega) \leqslant \tau_B(\omega) \leqslant N$. 因此, $\mathbb{E}(X_{\tau_B}) = \mathbb{E}(X_{\sigma_B})$. 于是

$$
\begin{aligned}
\mathbb{E}(X_\sigma 1_B) &= \mathbb{E}(X_{\sigma_B}) - \mathbb{E}(X_N 1_{B^c}) \\
&= \mathbb{E}(X_{\tau_B}) - \mathbb{E}(X_N 1_{B^c}) \\
&= \mathbb{E}(X_\tau 1_B).
\end{aligned}
$$

这样就证明了 (1.1.2). 上鞅情况同理可证. ∎

现在给出下鞅的一些概率估计. 这些估计的推论在本书中的其他章节也非常重要.

定理 1.1.4 (Doob 不等式) 令 $\{X_n\}_{n \in \mathbb{N}}$ 为下鞅. 那么对所有的 $\lambda > 0$ 及 $N \in \mathbb{N}$, 有

$$
\lambda \mathbb{P}\left(\max_{n \leqslant N} X_n \geqslant \lambda\right) \leqslant \mathbb{E}\left(X_N 1_{\max_{n \leqslant N} X_n \geqslant \lambda}\right) \leqslant \mathbb{E}(|X_N|)
$$

和

$$
\lambda \mathbb{P}\left(\min_{n \leqslant N} X_n \leqslant -\lambda\right) \leqslant \mathbb{E}(|X_0| + |X_N|).
$$

证明 令

$$
\sigma = \min\{n \leqslant N : \ X_n \geqslant \lambda\}.
$$

约定 $\min \varnothing = N$. 那么 $\sigma \in \mathbb{S}_N$. 由 (1.1.2), 有

$$
\begin{aligned}
\mathbb{E}(X_N) &\geqslant \mathbb{E}(X_\sigma) \\
&= \mathbb{E}\left(X_\sigma 1_{\max_{n \leqslant N} X_n \geqslant \lambda}\right) + \mathbb{E}\left(X_N 1_{\max_{n \leqslant N} X_n < \lambda}\right) \\
&= \lambda \mathbb{P}\left(\max_{n \leqslant N} X_n \geqslant \lambda\right) + \mathbb{E}\left(X_N 1_{\max_{n \leqslant N} X_n < \lambda}\right).
\end{aligned}
$$

所以

$$
\begin{aligned}
\lambda \mathbb{P}\left(\max_{n \leqslant N} X_n \geqslant \lambda\right) &\leqslant \mathbb{E}(X_N) - \mathbb{E}\left(X_N 1_{\max_{n \leqslant N} X_n < \lambda}\right) \\
&= \mathbb{E}\left(X_N 1_{\max_{n \leqslant N} X_n \geqslant \lambda}\right) \\
&\leqslant \mathbb{E}(|X_N|).
\end{aligned}
$$

另一不等式同理可证. ∎

推论 1.1.5 令 $\{X_n\}_{n \in \mathbb{N}}$ 为下鞅. 那么对所有的 $\lambda > 0$ 及 $N \in \mathbb{N}$, 下式成立:

$$
\lambda \mathbb{P}\left(\max_{n \leqslant N} |X_n| \geqslant \lambda\right) \leqslant 2\mathbb{E}(|X_N|) + \mathbb{E}(|X_0|).
$$

证明   由定理 1.1.4 得

$$\lambda\mathbb{P}\left(\max_{n\leqslant N}|X_n|\geqslant\lambda\right)=\lambda\mathbb{P}\left(\max_{n\leqslant N}X_n\vee\max_{n\leqslant N}(-X_n)\geqslant\lambda\right)$$

$$\leqslant\lambda\mathbb{P}\left(\max_{n\leqslant N}X_n\geqslant\lambda\right)+\lambda\mathbb{P}\left(\min_{n\leqslant N}X_n\leqslant-\lambda\right)$$

$$\leqslant 2\mathbb{E}(|X_N|)+\mathbb{E}(|X_0|).\qquad\blacksquare$$

推论 1.1.6 (Doob 不等式)   令 $\{X_n\}_{n\in\mathbb{N}}$ 为鞅, 且对某个 $p>1$ 有 $\mathbb{E}(|X_n|^p)$ $<\infty,\,\forall\,n\in\mathbb{N}$. 那么对所有的 $N\in\mathbb{N}$, 有

$$\mathbb{P}\left(\max_{n\leqslant N}|X_n|\geqslant\lambda\right)\leqslant\frac{\mathbb{E}(|X_N|^p)}{\lambda^p}\qquad(1.1.3)$$

和

$$\mathbb{E}\left(\max_{n\leqslant N}|X_n|^p\right)\leqslant\left(\frac{p}{p-1}\right)^p\mathbb{E}(|X_N|^p).\qquad(1.1.4)$$

证明   由 Jensen 不等式可知 $|X_n|^p$ 是下鞅, 所以由定理 1.1.4 直接可得 (1.1.3). 令

$$Y\equiv\max_{n\leqslant N}|X_n|.$$

由定理 1.1.4, 有

$$\lambda\mathbb{P}(Y\geqslant\lambda)\leqslant\mathbb{E}(|X_N|1_{Y\geqslant\lambda}).$$

因此

$$\mathbb{E}(Y^p)=\mathbb{E}\int_0^\infty p\lambda^{p-1}1_{\lambda\leqslant Y}d\lambda$$

$$=p\int_0^\infty\lambda^{p-1}\mathbb{P}(Y\geqslant\lambda)d\lambda$$

$$\leqslant p\mathbb{E}\left(\int_0^Y\lambda^{p-2}d\lambda|X_N|\right)$$

$$=\frac{p}{p-1}\mathbb{E}(Y^{p-1}|X_N|)$$

$$\leqslant\frac{p}{p-1}\left(\mathbb{E}(|X_N|^p)\right)^{1/p}\left(\mathbb{E}(Y^p)\right)^{(p-1)/p},$$

其中最后一步根据 Hölder 不等式得到. (1.1.4) 由上式整理可得. $\blacksquare$

然后, 考虑下鞅的极限. 令 $\{X_n\}_{n \in \mathbb{N}}$ 为下鞅且 $a < b$. 定义 $\tau_0 = \sigma_0 = 0$. 当 $n \geqslant 1$ 时, 定义

$$
\begin{aligned}
\tau_n &= \min\{m \geqslant \sigma_{n-1}: \ X_m \leqslant a\}, \\
\sigma_n &= \min\{m \geqslant \tau_n: \ X_m \geqslant b\}.
\end{aligned}
\tag{1.1.5}
$$

那么 τ_n 和 σ_n 是两列单调递增的停时且 $\{X_n: 0 \leqslant n \leqslant N\}$ 上穿区间 $[a,b]$ 的次数为

$$
U_N^X(a,b) = \max\{n: \ \sigma_n \leqslant N\}.
$$

定理 1.1.7 设 $\{X_n\}_{n \in \mathbb{N}}$ 为下鞅. 那么 $\forall N \in \mathbb{N}$ 和 $a < b$, 有

$$
\mathbb{E} U_N^X(a,b) \leqslant \frac{1}{b-a} \mathbb{E}(X_N - b)^+.
$$

证明 注意

$$
\begin{aligned}
0 \leqslant & \int_{\sigma_n < N} (X_{\sigma_n} - b) d\mathbb{P} \\
\leqslant & \int_{\sigma_n < N} (X_{\tau_{n+1} \wedge N} - b) d\mathbb{P} \\
= & \int_{\tau_{n+1} < N} (X_{\tau_{n+1}} - b) d\mathbb{P} + \int_{\sigma_n < N \leqslant \tau_{n+1}} (X_N - b) d\mathbb{P} \\
\leqslant & (a - b)\mathbb{P}(\tau_{n+1} < N) + \int_{\sigma_n < N \leqslant \tau_{n+1}} (X_N - b) d\mathbb{P} \\
\leqslant & (a - b)\mathbb{P}(U_N^X(a,b) \geqslant n+1) + \int_{\sigma_n < N \leqslant \tau_{n+1}} (X_N - b)^+ d\mathbb{P}.
\end{aligned}
$$

对 n 求和可得

$$
0 \leqslant (a - b)\mathbb{E} U_N^X(a,b) + \mathbb{E}(X_N - b)^+.
$$

简单整理可得定理的证明. ∎

由以上关于上穿次数的估计, 有以下的下鞅收敛定理.

定理 1.1.8 如果 $\{X_n\}_{n \in \mathbb{N}}$ 为下鞅, 且满足

$$
\sup_n \mathbb{E}(X_n^+) < \infty,
$$

则 $X_\infty = \lim_{n \to \infty} X_n$ 在几乎必然的意义下存在, 且 X_∞ 可积.

证明 对任意的 $r' > r$, 有

$$\mathbb{E}U_\infty^X(r, r') = \lim_{N \to \infty} \mathbb{E}U_N^X(r, r')$$

$$\leqslant \frac{1}{r' - r} \lim_{N \to \infty} \mathbb{E}((X_N - r')^+) < \infty.$$

则

$$\mathbb{P}(U_\infty^X(r, r') = \infty) = 0.$$

因此,

$$\mathbb{P}\left(\liminf_{n \to \infty} X_n < \limsup_{n \to \infty} X_n\right) = \mathbb{P}\left(\bigcup_{r < r', r, r' \in \mathbb{Q}} \{U_\infty^X(r, r') = \infty\}\right) = 0,$$

其中 $\mathbb{Q}$ 为全体有理数. 这样证明了 X_∞ 几乎必然存在.

由 Fatou 引理, 有

$$\mathbb{E}|X_\infty| \leqslant \liminf_{n \to \infty} \mathbb{E}|X_n|$$

$$= \liminf_{n \to \infty} (2\mathbb{E}(X_n^+) - \mathbb{E}(X_n))$$

$$\leqslant 2 \sup_n \mathbb{E}(X_n^+) - \mathbb{E}(X_0) < \infty.$$

因此 X_∞ 可积. ∎

作为以上定理的推论, 现在证明以下的鞅收敛定理.

定理 1.1.9 设 Y 为可积的随机变量且 $\{\mathcal{F}_n\}$ 为 $\mathcal{F}$ 的递增子 σ-代数序列. 令 $X_n = \mathbb{E}(Y|\mathcal{F}_n), \forall n \geqslant 1$. 则 $\{X_n\}$ 为一致可积鞅且在几乎必然和 L^1 意义下,

$$X_n \to \mathbb{E}(Y|\mathcal{F}_\infty),$$

其中 $\mathcal{F}_\infty = \sigma\left(\bigcup_n \mathcal{F}_n\right) \equiv \bigvee_n \mathcal{F}_n$.

证明 由定义易证 $\{X_n\}$ 是鞅. 由 Jensen 不等式可得

$$|X_n| \leqslant \mathbb{E}\left(|Y| \big| \mathcal{F}_n\right).$$

所以,

$$\mathbb{E}|X_n| \leqslant \mathbb{E}|Y|.$$

结合定理 1.1.8 可知 $X_n \to X_\infty$ a.s..

为证明 $\{X_n\}$ 在 L^1 中收敛, 先说明 $\{X_n\}$ 一致可积. 事实上, $\forall \lambda > 0$,

$$
\begin{aligned}
\mathbb{E}\left(|X_n| 1_{|X_n|>\lambda}\right) &\leqslant \mathbb{E}\left(\mathbb{E}\left(|Y| \big| \mathcal{F}_n\right) 1_{|X_n|>\lambda}\right) \\
&= \mathbb{E}\left(|Y| 1_{|X_n|>\lambda}\right) \\
&\leqslant \mathbb{E}\left(|Y| 1_{|Y|>\lambda'}\right) + \mathbb{E}\left(|Y| 1_{|Y|\leqslant\lambda', |X_n|>\lambda}\right) \\
&\leqslant \mathbb{E}\left(|Y| 1_{|Y|>\lambda'}\right) + \lambda' \mathbb{P}\left(|X_n| > \lambda\right) \\
&\leqslant \mathbb{E}\left(|Y| 1_{|Y|>\lambda'}\right) + \lambda^{-1} \lambda' \mathbb{E}\left(|X_n|\right) \\
&\leqslant \mathbb{E}\left(|Y| 1_{|Y|>\lambda'}\right) + \lambda^{-1} \lambda' \mathbb{E}\left(|Y|\right),
\end{aligned}
$$

其中 λ' 是任意正常数. 则

$$
\limsup_{\lambda \to \infty} \sup_n \mathbb{E}\left(|X_n| 1_{|X_n|>\lambda}\right) \leqslant \mathbb{E}\left(|Y| 1_{|Y|>\lambda'}\right).
$$

令 $\lambda' \to \infty$, 有

$$
\lim_{\lambda \to \infty} \sup_n \mathbb{E}\left(|X_n| 1_{|X_n|>\lambda}\right) = 0,
$$

于是 $\{X_n\}$ 一致可积. 因此,

$$
\lim_{n \to \infty} \mathbb{E}|X_n - X_\infty| = \mathbb{E} \lim_{n \to \infty} |X_n - X_\infty| = 0.
$$

为证明 $X_\infty = \mathbb{E}\left(Y | \mathcal{F}_\infty\right)$, 定义集合类

$$
\mathcal{C} = \{B \in \mathcal{F}: \ \mathbb{E}(X_\infty 1_B) = \mathbb{E}(Y 1_B)\}.
$$

对任意的 $B \in \mathcal{F}_n$, 有

$$
\mathbb{E}(X_n 1_B) = \mathbb{E}\left(\mathbb{E}\left(Y | \mathcal{F}_n\right) 1_B\right) = \mathbb{E}(Y 1_B).
$$

因对任意的 $m \geqslant n$, B 也属于 $\mathcal{F}_m$, 从而

$$
\mathbb{E}(Y 1_B) = \mathbb{E}(X_m 1_B).
$$

令 $m \to \infty$, 可知 $B \in \mathcal{C}$. 所以

$$
\bigcup_n \mathcal{F}_n \subset \mathcal{C}.
$$

显然 $\bigcup_n \mathcal{F}_n$ 对有限交运算封闭, 而 $\mathcal{C}$ 对可列增极限运算和真差运算皆封闭. 因此, $\mathcal{C}$ 包含由 $\bigcup_n \mathcal{F}_n$ 生成的 σ-代数, 即 $\mathcal{F}_\infty \subset \mathcal{C}$. 由此可知 $\mathbb{E}\left(Y | \mathcal{F}_\infty\right) = X_\infty$. ∎

下面考虑倒向鞅. 在此情况下时间集为 $\mathbb{T} = -\mathbb{N}$.

定义 1.1.3　如果过程 $\{X_{-n}\}_{n\in\mathbb{N}}$ 满足

(i) $\mathcal{F}_{-n-1} \subset \mathcal{F}_{-n}$ 对所有的 n 均成立;

(ii) $X_{-n} \in L^1$ 关于 $\mathcal{F}_{-n}$-可测;

(iii) 对所有的 $0 \leqslant n \leqslant m$,

$$\mathbb{E}(X_{-n}|\mathcal{F}_{-m}) = X_{-m} \text{ a.s.,}$$

则称 $\{X_{-n}\}$ 为关于 $\{\mathcal{F}_{-n}\}_{n\in\mathbb{N}}$ 的倒向鞅.

定理 1.1.10 (倒向鞅收敛定理)　令 $\mathcal{F}_{-\infty} = \bigcap\limits_{n=1}^{\infty} \mathcal{F}_{-n}$. 则存在随机变量 X 使得当 $n \to \infty$ 时, $X_{-n} \to X$ 在 a.s. 和 L^1 意义下成立.

证明　令 U_n 为 $\{X_{-k}\}$ 在 $-n$ 与 0 之间上穿区间 $[a,b]$ 的次数. 当 n 增大时, U_{-n} 增至上穿总数 $U(a,b)$. 那么由单调收敛定理,

$$\mathbb{E}U(a,b) = \lim_{n\to\infty} \mathbb{E}U_{-n} \leqslant \frac{1}{b-a}\mathbb{E}(X_0 - b)^+ < \infty.$$

于是

$$X_{-n} \xrightarrow{\text{a.s.}} X.$$

注意到

$$X_{-n} = \mathbb{E}(X_0|\mathcal{F}_{-n}).$$

类似于定理 1.1.9, 可以证明 $\{X_{-n}\}$ 一致可积. 因此, 在 a.s. 和 L^1 意义下,

$$X_{-n} \to X. \qquad\qquad \blacksquare$$

倒向鞅的一致可积性可以推广到倒向下鞅或上鞅.

定理 1.1.11　设 $\{X_{-n}, \mathcal{F}_{-n}\}$ 为倒向上鞅, 且 $A = \lim_{n\to\infty} \mathbb{E}X_{-n}$ 有限. 则 $\{X_{-n}\}$ 一致可积.

证明　注意

$$\mathbb{E}(X_0|\mathcal{F}_{-n}) \leqslant X_{-n}.$$

由于 $\{\mathbb{E}(X_0|\mathcal{F}_{-n}) : n \in \mathbb{N}\}$ 一致可积, 仅需证明非负上鞅 $\{X_{-n} - \mathbb{E}(X_0|\mathcal{F}_{-n})\}$ 一致可积. 换言之, 不妨设 $X_{-n} \geqslant 0$. 因 $A = \lim_{n\to\infty} \mathbb{E}X_{-n}$, 对任意 $\epsilon > 0$, 存在 k 使得对任意 $n \geqslant k$,

$$0 \leqslant \mathbb{E}X_{-n} - \mathbb{E}X_{-k} < \epsilon.$$

由 $X_{-n} \geqslant \mathbb{E}(X_{-k}|\mathcal{F}_{-n})$ 可得

$$\begin{aligned}
\mathbb{E}\left(X_{-n}1_{X_{-n}>c}\right) &= \mathbb{E}(X_{-n}) - \mathbb{E}\left(X_{-n}1_{X_{-n}\leqslant c}\right)\\
&\leqslant \mathbb{E}(X_{-n}) - \mathbb{E}\left(X_{-k}1_{X_{-n}\leqslant c}\right)
\end{aligned}$$

$$= \mathbb{E}(X_{-n}) - \mathbb{E}(X_{-k}) + \mathbb{E}\left(X_{-k}1_{X_{-n}>c}\right)$$

$$\leqslant \epsilon + \mathbb{E}\left(X_{-k}1_{X_{-k}>c'}\right) + c'\mathbb{P}(X_{-n} > c)$$

$$\leqslant \epsilon + \mathbb{E}\left(X_{-k}1_{X_{-k}>c'}\right) + \frac{c'}{c}A,$$

其中 c' 为任意正常数. 上式两端对 n 取上确界, 然后对 $c \to \infty$ 取上极限, 得

$$\limsup_{c\to\infty} \sup_n \mathbb{E}(X_{-n}1_{X_{-n}>c}) \leqslant \epsilon + \mathbb{E}\left(X_{-k}1_{X_{-k}>c'}\right).$$

令 $c' \to \infty$, 且 $\epsilon \to 0$, 得 $\{X_{-n} : n \in \mathbb{N}\}$ 的一致可积性. ∎

作为倒向鞅收敛定理的应用, 下面给出概率论中的强大数定律的一个简短证明.

定理 1.1.12 设 $\{X_n\}_{n\geqslant 1}$ 为独立同分布 (i.i.d.) 的随机变量序列, 且 $\mathbb{E}(|X_1|) < \infty$. 则

$$\lim_{n\to\infty} \frac{X_1 + \cdots + X_n}{n} = \mathbb{E}(X_1) \text{ a.s..}$$

证明 令

$$S_n = X_1 + \cdots + X_n, \quad \mathcal{F}_{-n} = \sigma(S_n, S_{n+1}, \cdots).$$

则当 $n \geqslant m$, 有 $\mathcal{F}_{-n} \subset \mathcal{F}_{-m}$, 且 $M_{-n} \equiv \mathbb{E}(X_1|\mathcal{F}_{-n})$ 为倒向鞅. 由对称性, 当 $1 \leqslant j \leqslant n$, 有

$$\mathbb{E}(X_j|\mathcal{F}_{-n}) = \mathbb{E}(X_1|\mathcal{F}_{-n}) = M_{-n}.$$

因此

$$S_n = \mathbb{E}(S_n|\mathcal{F}_{-n}) = nM_{-n}.$$

于是 $\dfrac{S_n}{n} = M_{-n} \to X$ a.s. 且属于 L^1. 因 X 关于序列的尾 σ-代数可测, 由 Kolmogorov 的 0-1 律, X 必然是非随机的. 所以

$$X = \mathbb{E}(X) = \lim_{n\to\infty} \mathbb{E}\frac{S_n}{n} = \mathbb{E}(X_1). \quad\blacksquare$$

最后, 我们考虑连续时间下鞅.

引理 1.1.13 设 $\{X_t\}_{t\geqslant 0}$ 为下鞅. 则 $\forall\, T > 0$,

$$\mathbb{P}\left(\sup_{t\in\mathbb{Q}\cap[0,T]} |X_t| < \infty\right) = 1 \tag{1.1.6}$$

和

$$\mathbb{P}\left(\forall\, t \geqslant 0,\ \lim_{s\in\mathbb{Q},\ s\downarrow t} X_s\ \text{和}\ \lim_{s\in\mathbb{Q},\ s\uparrow t} X_s\ \text{存在}\right)=1. \tag{1.1.7}$$

证明　令 $\{r_1,\ r_2,\ \cdots\}$ 是 $\mathbb{Q}\cap[0,T]$ 的一个排列. 对每个 n, 令 $s_1 < s_2 < \cdots < s_n$ 为 $\{r_1,\ \cdots,\ r_n\}$ 的重新排列. 定义

$$Y_0 = X_0,\ Y_{n+1}=X_T\quad\text{及}\quad Y_i = X_{s_i},\ i=1,2,\cdots,n.$$

则 $Y = \{Y_i\}_{i=0,1,\cdots,n+1}$ 是下鞅. 因此, 由推论 1.1.5 及定理 1.1.7 可得

$$\mathbb{P}\left(\max_{1\leqslant i\leqslant n}|Y_i|>\lambda\right)\leqslant\frac{1}{\lambda}\left(2\mathbb{E}|X_T|+\mathbb{E}|X_0|\right)$$

和

$$\mathbb{E}U_n^Y(a,b)\leqslant\frac{1}{b-a}\mathbb{E}(Y_n-b)^+\leqslant\frac{1}{b-a}\mathbb{E}(X_T-b)^+.$$

令 $n\to\infty$, 则有

$$\mathbb{P}\left(\sup_{t\in\mathbb{Q}\cap[0,T]}|X_t|>\lambda\right)\leqslant\frac{1}{\lambda}\left(2\mathbb{E}|X_T|+\mathbb{E}|X_0|\right) \tag{1.1.8}$$

和

$$\mathbb{E}U_\infty^{X|_{\mathbb{Q}\cap[0,T]}}(a,b)\leqslant\frac{1}{b-a}\mathbb{E}(X_T-b)^+. \tag{1.1.9}$$

令 $\lambda\to\infty$, 由 (1.1.8) 可得 (1.1.6). 由 (1.1.9) 可知

$$\mathbb{P}\left(\bigcup_{a<b\in\mathbb{Q}}\left\{U_\infty^{X|_{\mathbb{Q}\cap[0,T]}}(a,b)=\infty\right\}\right)=0.$$

但是, 事件

$$\left\{\exists\, t\in[0,T],\ \text{使得}\ \lim_{s\in\mathbb{Q},\ s\downarrow t} X_s\ \text{或}\ \lim_{s\in\mathbb{Q},\ s\uparrow t} X_s\ \text{不存在}\right\} \tag{1.1.10}$$

包含于事件

$$\bigcup_{a<b\in\mathbb{Q}}\left\{U_\infty^{X|_{\mathbb{Q}\cap[0,T]}}(a,b)=\infty\right\}.$$

所以, 事件 (1.1.10) 的概率为 0. 令 $T\to\infty$ 得 (1.1.7).　∎

定理 1.1.14 设 $\{X_t\}_{t\geqslant 0}$ 为下鞅. 则

$$\hat{X}_t \equiv \lim_{r\in\mathbb{Q},\ r\downarrow t} X_r$$

几乎必然存在. 并且 $\hat{X}_t$ 为几乎必然右连左极的下鞅. 进一步, $X_t \leqslant \hat{X}_t$ a.s. 对所有的 $t \geqslant 0$ 均成立. 另一方面,

$$\mathbb{P}(X_t = \hat{X}_t) = 1, \quad \forall\, t \geqslant 0 \tag{1.1.11}$$

当且仅当 $\mathbb{E}(X_t)$ 关于 t 右连续.

证明 由引理 1.1.13 直接可得 $\hat{X}_t$ 几乎必然存在. 基本的数学分析可导出 $\hat{X}_t$ 的右连左极性.

注意到 $\hat{X}_t$ 关于 $\mathcal{F}_{t+} = \mathcal{F}_t$ 可测. 对 $s > t$ 以及 $B \in \mathcal{F}_t$, 有

$$\mathbb{E}(\hat{X}_t 1_B) = \lim_{r\in\mathbb{Q},\ r\downarrow t} \mathbb{E}(X_r 1_B) \leqslant \lim_{r'\in\mathbb{Q},\ r'\downarrow s} \mathbb{E}(X_{r'} 1_B) = \mathbb{E}(\hat{X}_s 1_B).$$

因此, $\hat{X}_t$ 是下鞅. 类似地, 有

$$\mathbb{E}(X_t 1_B) \leqslant \mathbb{E}(\hat{X}_t 1_B), \qquad \forall\, B \in \mathcal{F}_t,$$

于是 $X_t \leqslant \hat{X}_t$ a.s..

若 $\mathbb{E}(X_t)$ 右连续, 则 $\mathbb{E}\hat{X}_t = \mathbb{E}X_t$, 于是, $X_t = \hat{X}_t$ a.s.. 另一方面, 若 (1.1.11) 成立, 则因 $\mathbb{E}(\hat{X}_t)$ 右连续, 可知 $\mathbb{E}(X_t)$ 右连续. ∎

若 $\mathbb{E}(X_t)$ 右连续, 则定理 1.1.14 中的 $\hat{X}$ 称作 X 的**右连左极修正**. 今后, 对这样的下鞅, 总取其右连左极修正.

以下定理是推论 1.1.6 的直接结论.

定理 1.1.15 (Doob 不等式) 设 $\{X_t\}_{t\geqslant 0}$ 为右连续鞅且对某个 $p > 1$ 满足 $\mathbb{E}(|X_t|^p) < \infty, \forall\, t \geqslant 0$. 则对所有的 $t \geqslant 0$,

$$\mathbb{P}\left(\max_{s\leqslant t} |X_s| \geqslant \lambda\right) \leqslant \frac{\mathbb{E}(|X_t|^p)}{\lambda^p} \tag{1.1.12}$$

且

$$\mathbb{E}\left(\max_{s\leqslant t} |X_s|^p\right) \leqslant \left(\frac{p}{p-1}\right)^p \mathbb{E}(|X_t|^p). \tag{1.1.13}$$

下面的定理 1.1.16 是前面定理 1.1.3 的连续时间版本. 需要先定义下鞅的 (DL) 类.

定义 1.1.4   如果对任意 $T > 0$, 随机变量族 $\{X_\sigma : \sigma \in \mathbb{S}_T\}$ 一致可积, 则称过程 $\{X_t\}$ 属于 (DL) 类.

定理 1.1.16 (停时定理)   设 $\{X_t\}_{t \geqslant 0}$ 为连续时间鞅 (下鞅) 且属于 (DL) 类. 令 τ, $\sigma \in \mathbb{S}_N$ 满足 $\sigma(\omega) \leqslant \tau(\omega)$, $\forall \omega \in \Omega$. 则

$$\mathbb{E}(X_\tau | \mathcal{F}_\sigma) = X_\sigma, \quad (\geqslant) \text{ a.s..} \tag{1.1.14}$$

证明   令

$$\tau_n = \frac{k}{2^n}, \quad \text{如果 } \frac{k-1}{2^n} \leqslant \tau < \frac{k}{2^n}, \ k = 1, 2, \cdots, 2^n N.$$

则 $\tau_n \downarrow \tau$ 为停时列.

令 σ_n 类似地定义. 对任意 $A \in \mathcal{F}_\sigma$, 有 $A \in \mathcal{F}_{\sigma_n}$. 于是, 由定理 1.1.3, 得

$$\mathbb{E}(X_{\sigma_n} 1_A) = \mathbb{E}(X_{\tau_n} 1_A).$$

令 $n \to \infty$, 由 (DL) 类的定义, 有

$$\mathbb{E}(X_\sigma 1_A) = \mathbb{E}(X_\tau 1_A).$$

这意味着 $\mathbb{E}(X_\tau | \mathcal{F}_\sigma) = X_\sigma$. ∎

以下定理可由定理 1.1.16 直接得到.

定理 1.1.17   设 $\{X_t\}_{t \geqslant 0}$ 为右连续鞅且属于 (DL) 类, $(\sigma_t)_{t \geqslant 0}$ 为递增的有界停时族. 令 $\tilde{X}_t = X_{\sigma_t}$, $\tilde{\mathcal{F}}_t = \mathcal{F}_{\sigma_t}$, $\forall\, t \geqslant 0$. 则 $(\tilde{X}_t, \tilde{\mathcal{F}}_t)$ 为鞅.

1.2   Doob-Meyer 分解

注意到下鞅的期望递增, 所以直观上它应该包含两部分: 鞅和一个增过程. 这一想法严格的表述为 Doob-Meyer 分解, 即本节的内容.

定理 1.2.1 (Doob 分解)   下鞅 $\{X_n\}_{n \in \mathbb{N}}$ 有如下唯一分解

$$X_n = M_n + A_n, \tag{1.2.1}$$

其中 $\{M_n\}_{n \in \mathbb{N}}$ 为鞅, $A_0 = 0$, A_n 关于 $\mathcal{F}_{n-1}$-可测且 $A_n \leqslant A_{n+1}$ a.s. 对所有的 $n \in \mathbb{N}$ 成立.

证明   先设有这样的分解, 则

$$M_0 = X_0 - A_0 = X_0$$

是唯一确定的. 注意

$$\mathbb{E}(X_n|\mathcal{F}_{n-1}) = \mathbb{E}(M_n|\mathcal{F}_{n-1}) + \mathbb{E}(A_n|\mathcal{F}_{n-1}) = M_{n-1} + A_n.$$

与 (1.2.1) 作差, 得

$$X_n - \mathbb{E}(X_n|\mathcal{F}_{n-1}) = M_n - M_{n-1}.$$

这样, 过程 $\{M_n: \ n \geqslant 1\}$ 唯一地由下式递推确定:

$$M_n = M_{n-1} + X_n - \mathbb{E}(X_n|\mathcal{F}_{n-1}). \tag{1.2.2}$$

过程 A_n 由下式确定:

$$A_n = X_n - M_n. \tag{1.2.3}$$

这样得到了分解的唯一性.

为证明存在性, 需证明以上由 (1.2.2) 和 (1.2.3) 构造的 M_n 和 A_n 满足分解条件. 由 (1.2.2) 可得

$$\mathbb{E}(M_n|\mathcal{F}_{n-1}) = M_{n-1} + \mathbb{E}(X_n|\mathcal{F}_{n-1}) - \mathbb{E}(X_n|\mathcal{F}_{n-1}) = M_{n-1}.$$

所以, M_n 是鞅.

另一方面, $A_0 = 0$ 且

$$A_n = A_{n-1} - X_{n-1} + \mathbb{E}(X_n|\mathcal{F}_{n-1}). \tag{1.2.4}$$

显然, A_n 关于 $\mathcal{F}_{n-1}$-可测. 因 X_n 是下鞅, 由 (1.2.4) 得 $A_n \geqslant A_{n-1}$ a.s.. ■

下面我们考虑连续时间下鞅的分解.

定义 1.2.1 如果过程 $\{A_t\}_{t\geqslant 0}$ 满足 $A_0 = 0$, 且在几乎必然的意义下, A_t 是关于 t 的右连续增函数, 并且

$$\mathbb{E}(A_t) < \infty, \quad \forall\, t \geqslant 0.$$

则称 $\{A_t\}_{t\geqslant 0}$ 为可积增过程.

如果可积增过程 A_t 与任何有界鞅都 "几乎" 没有共同的跳, 则我们称其为自然的. 严格地说, 对任意有界鞅 m_t, 有

$$\mathbb{E}\sum_{s\leqslant t} \Delta m_s \Delta A_s = 0, \tag{1.2.5}$$

其中 $\Delta A_s = A_s - A_{s-}$ 是 A 在时刻 s 的跳, Δm_s 类似. 以下定义是 (1.2.5) 式的另一种等价表示.

定义 1.2.2　　如果对任意有界鞅 m_t,

$$\mathbb{E}\left(\int_0^t m_s dA_s\right) = \mathbb{E}\left(\int_0^t m_{s-} dA_s\right)$$

对任意的 $t \geqslant 0$ 均成立, 则称可积增过程 A_t 是自然的.

以下命题给出自然增过程的一个等价定义.

命题 1.2.2　　可积增过程 A_t 是自然的当且仅当对任意有界鞅 $\{m_t\}$ 及 $t \geqslant 0$,

$$\mathbb{E}(m_t A_t) = \mathbb{E}\left(\int_0^t m_{s-} dA_s\right)$$

均成立.

证明　　因 $\{m_t\}$ 有界且右连续, 而 $\{A_t\}$ 可积, 由控制收敛定理 (记 $t_k = \dfrac{kt}{n}$),

$$\mathbb{E}\left(\int_0^t m_s dA_s\right)$$

$$= \mathbb{E} \lim_{n \to \infty} \sum_{k=0}^{n-1} m_{t_{k+1}} \left(A_{t_{k+1}} - A_{t_k}\right)$$

$$= \lim_{n \to \infty} \left(\sum_{k=0}^{n-1} \mathbb{E}\left(m_{t_{k+1}} A_{t_{k+1}}\right) - \sum_{k=0}^{n-1} \mathbb{E}\left(\mathbb{E}\left(m_{t_{k+1}} A_{t_k} \Big| \mathcal{F}_{t_k}\right)\right)\right)$$

$$= \lim_{n \to \infty} \left(\sum_{k=1}^{n} \mathbb{E}\left(m_{t_k} A_{t_k}\right) - \sum_{k=0}^{n-1} \mathbb{E}\left(m_{t_k} A_{t_k}\right)\right)$$

$$= \mathbb{E}(m_t A_t),$$

其中第三个等式成立是由 m_t 的鞅性导出. 命题得证.　　■

现有内容为定理 1.2.1 的连续时间版本做好了准备.

定理 1.2.3 (Doob-Meyer 分解)　　若 $\{X_t\}_{t \geqslant 0}$ 是 (DL) 类中的下鞅, 则它可以唯一地表示为

$$X_t = M_t + A_t,$$

其中 A_t 是可积自然增过程且 M_t 是鞅.

证明　　"唯一性". 设

$$X_t = M_t - A_t = M_t' - A_t'$$

是两个这样的分解, 则

$$A_t - A_t' = M_t - M_t'$$

是鞅. 因此, 对任意有界鞅 m_t, 有

$$
\begin{aligned}
&\mathbb{E}(m_t(A_t - A_t')) \\
&= \mathbb{E}\int_0^t m_{s-} d(A_s - A_s') \\
&= \lim_{n\to\infty} \mathbb{E}\sum_{k=0}^{n-1} m_{t_k}\left(\left(A_{t_{k+1}} - A_{t_{k+1}}'\right) - \left(A_{t_k} - A_{t_k}'\right)\right) \\
&= \lim_{n\to\infty} \mathbb{E}\sum_{k=0}^{n-1} m_{t_k}\left(\left(M_{t_{k+1}} - M_{t_{k+1}}'\right) - \left(M_{t_k} - M_{t_k}'\right)\right) \\
&= 0.
\end{aligned}
$$

对任意有界随机变量 ξ, 令 $m_t = \mathbb{E}(\xi|\mathcal{F}_t)$. 则

$$
\mathbb{E}(\xi A_t) = \mathbb{E}(\mathbb{E}(\xi|\mathcal{F}_t)A_t) = \mathbb{E}(\mathbb{E}(\xi|\mathcal{F}_t)A_t') = \mathbb{E}(\xi A_t').
$$

因此, 对任意固定的 $t \geqslant 0$, $A_t = A_t'$ a.s.. 由 A 和 A' 的右连续性, 可知 $A = A'$ a.s..

"存在性" 可通过离散时间的逼近得到. 具体的细节非常繁琐, 我们略去其证明. ∎

1.3 Meyer 过程

本节介绍每个平方可积鞅对应的 Meyer 过程, 它在下一章随机积分的定义中有重要作用.

定义 1.3.1 如果鞅 $\{M_t\}_{t\geqslant 0}$ 满足

$$
\mathbb{E}(M_t^2) < \infty, \quad \forall\, t \geqslant 0,
$$

则称它为平方可积鞅 (记为 $M \in \mathcal{M}^2$). 进一步, 若 M_t 关于 t 连续, 那么我们写为 $M \in \mathcal{M}^{2,c}$.

引理 1.3.1 若 $M \in \mathcal{M}^2$ 右连续, 则 M_t^2 为 (DL) 类中的右连续下鞅.

证明 由 Jensen 不等式, M_t^2 是下鞅. 由定理 1.1.15, 有

$$
\mathbb{E}\left(\sup_{0\leqslant t\leqslant T} M_t^2\right) \leqslant 4\mathbb{E}(M_T^2) < \infty.
$$

因此, 当 $c \to \infty$,

$$
\sup_{\sigma\in\mathbb{S}_T} \mathbb{E}\left(M_\sigma^2 1_{M_\sigma^2 \geqslant c}\right) \leqslant \mathbb{E}\left(\sup_{0\leqslant t\leqslant T} M_t^2 1_{\sup_{0\leqslant t\leqslant T} M_t^2 \geqslant c}\right) \to 0.
$$

所以 M_t^2 属于 (DL) 类. ∎

应用 Doob-Meyer 分解, 存在唯一自然增过程 A_t 使得 $M_t^2 - A_t$ 是鞅. 记 A_t 为 $\langle M \rangle_t$, 且称它为 M_t 的 Meyer 过程.

最后, 我们考虑两鞅的交互 Meyer 过程.

定义 1.3.2　设 $M, N \in \mathcal{M}^2$, 我们称随机过程

$$\langle M, N \rangle_t = \frac{1}{4} \left(\langle M + N \rangle_t - \langle M - N \rangle_t \right)$$

为 M_t 和 N_t 的交互 Meyer 过程.

注释 1.3.2　$\langle M, N \rangle_t$ 是唯一使得 $M_t N_t - A_t$ 为鞅的自然的有限变差过程 A_t (即为两个自然增过程的差).

证明　注意到

$$M_t N_t - \langle M, N \rangle_t$$
$$= \frac{1}{4} \left((M_t + N_t)^2 - (M_t - N_t)^2 \right) - \frac{1}{4} \left(\langle M + N \rangle_t - \langle M - N \rangle_t \right)$$
$$= \frac{1}{4} \left((M_t + N_t)^2 - \langle M + N \rangle_t \right) - \frac{1}{4} \left((M_t - N_t)^2 - \langle M - N \rangle_t \right)$$

是鞅. 唯一性的证明类似 Doob-Meyer 分解. ∎

注释 1.3.3　在下一章, 我们将证明 $\langle M \rangle_t$ 为 M 在时间区间 $[0, t]$ 上的二次变差; $\langle M, N \rangle_t$ 为 M 和 N 在 $[0, t]$ 上的二次协变差. 因此, 也称 $\langle M \rangle_t$ 为 M_t 的二次变差过程, $\langle M, N \rangle_t$ 为 M_t 和 N_t 的二次协变差过程.

有时需要对更广泛的随机过程定义 Meyer 过程.

定义 1.3.3　设 $\{M_t\}_{t \in \mathbb{R}_+}$ 为实值过程. 如果存在递增至无穷大的停时列 τ_n 使得对任意 n, $M_t^n \equiv M_{t \wedge \tau_n}$ 是鞅, 则称 $\{M_t\}_{t \in \mathbb{R}_+}$ 是局部鞅. 记所有连续局部鞅的集合为 $\mathcal{M}_{\text{loc}}^c$, 所有连续局部平方可积鞅为 $\mathcal{M}_{\text{loc}}^{2,c}$.

注释 1.3.4　令 $M \in \mathcal{M}_{\text{loc}}^c$. 定义

$$\sigma_n(\omega) = \inf\{t : |M_t(\omega)| \geqslant n\},$$

约定 $\inf \varnothing = \infty$. 则 $\forall n$, $M_t^n \equiv M_{t \wedge \sigma_n}$ 是有界连续鞅.

定理 1.3.5　令 $M \in \mathcal{M}_{\text{loc}}^c$. 则存在唯一自然增过程 A_t, 使得 $A_0 = 0$ 且 $M_t^2 - A_t$ 是局部鞅. 记 A_t 为 $\langle M \rangle_t$.

证明　令 M_t^n 如注释 1.3.4 中的定义. 记 $A_t^n = \langle M^n \rangle_t$. 则连续鞅 $M_{t \wedge \sigma_n}^{n+1}$ 的 Meyer 过程为 $A_{t \wedge \sigma_n}^{n+1}$. 然而

$$M_{t \wedge \sigma_n}^{n+1} = M_{t \wedge \sigma_n \wedge \sigma_{n+1}} = M_{t \wedge \sigma_n} = M_t^n$$

有 Meyer 过程 A_t^n. 因此

$$A_{t \wedge \sigma_n}^{n+1} = A_t^n, \quad \forall t. \tag{1.3.1}$$

定义

$$A_t = A_t^n, \quad t \leqslant \sigma_n.$$

注意, (1.3.1) 式保证了上面的 A_t 是良定义的. 则 $A_0 = 0$, A_t 是自然增过程且

$$A_{t \wedge \sigma_n} = A_t^n.$$

因 $M_{t \wedge \sigma_n}^2 = (M_t^n)^2$, 显然 $M_t^2 - A_t$ 是局部鞅, 而 $\{\sigma_n\}$ 为其局部化停时序列. A_t 的唯一性由 A_t^n 的相应性质得出. ∎

由定理 1.1.16, 有

推论 1.3.6 令 $X \in \mathcal{M}_{\mathrm{loc}}^c$, $(\sigma_t)_{t \geqslant 0}$ 为递增的右连续有界停时族. 令 $\tilde{X}_t = X_{\sigma_t}$, $\tilde{\mathcal{F}}_t = \mathcal{F}_{\sigma_t}$, $\forall\, t \geqslant 0$. 设对任意的 t, X 在区间 $[\sigma_{t-}, \sigma_t]$ 为常数. 则 $(\tilde{X}_t, \tilde{\mathcal{F}}_t)$ 是连续局部鞅且

$$\langle \tilde{X} \rangle_t = \langle X \rangle_{\sigma_t}.$$

证明 $\tilde{X}$ 的连续性由 X 在区间 $[\sigma_{t-}, \sigma_t]$ 为常数直接可得. 令 τ_n 为 X 的局部化停时列. 令

$$\tilde{\tau}_n = \inf\{t: \ \sigma_t \geqslant \tau_n\}.$$

对任意的 $s > 0$,

$$\{\tilde{\tau}_n \leqslant t\} \cap \{\sigma_t \leqslant s\} = \{\tau_n \leqslant \sigma_t \leqslant s\} \in \mathcal{F}_s.$$

因而

$$\{\tilde{\tau}_n \leqslant t\} \in \mathcal{F}_{\sigma_t} = \tilde{\mathcal{F}}_t.$$

因此, $\tilde{\tau}_n$ 是 $\tilde{\mathcal{F}}_t$-停时. 因 $\tau_n \in [\sigma_{\tilde{\tau}_n-}, \sigma_{\tilde{\tau}_n}]$,

$$\tilde{X}_{t \wedge \tilde{\tau}_n} = X_{\sigma_t \wedge \sigma_{\tilde{\tau}_n}} = X_{\sigma_t \wedge \tau_n}$$

是 $\tilde{\mathcal{F}}_t$-鞅. ∎

1.4 布 朗 运 动

布朗运动是最简单且用途最广泛的平方可积鞅. 从某种意义上讲, 随机分析是一门研究布朗运动泛函的概率分支.

定义 1.4.1　设 X_t 是一 d-维连续过程. 如果 $X_0 = 0$, 并且对任意的 $t > s$, $X_t - X_s$ 为独立于 $\mathcal{F}_s$ 且均值为 0、协方差矩阵为 $(t-s)I_d$ 的多维正态随机变量, 其中 I_d 为 $d \times d$ 单位矩阵, 则称 X_t 为布朗运动.

以下定理说明布朗运动的 Meyer 过程为 tI_d. 其逆命题也成立, 我们将在下一章给出其证明.

定理 1.4.1　设 $X_t = (X_t^1, X_t^2, \cdots, X_t^d)$ 是 d-维布朗运动. 则 X_t^j, $j = 1, 2, \cdots, d$ 是平方可积鞅, 并且 $\forall j, k = 1, 2, \cdots, d$,

$$\langle X^j, X^k \rangle_t = \delta_{jk} t. \tag{1.4.1}$$

证明　显然 X_t^i 是平方可积鞅, 我们仅需证明 (1.4.1). 当 $t > s$,

$$\mathbb{E}(X_t^j X_t^k - \delta_{jk} t | \mathcal{F}_s)$$
$$= \mathbb{E}((X_t^j - X_s^j)(X_t^k - X_s^k)|\mathcal{F}_s) + X_s^j X_s^k - \delta_{jk} t$$
$$+ \mathbb{E}(X_s^k(X_t^j - X_s^j) + X_s^j(X_t^k - X_s^k)|\mathcal{F}_s)$$
$$= \delta_{jk}(t-s) + X_s^j X_s^k - \delta_{jk} t$$
$$= X_s^j X_s^k - \delta_{jk} s.$$

所以, $X_t^j X_t^k - \delta_{jk} t$ 是鞅. 于是证明了 (1.4.1).　∎

1.5　练　习　题

1. 对 $\tau \in \mathbb{S}$, 证明 $\mathcal{F}_\tau$ 为 σ-代数.

2. 设 $\tau \in \mathbb{S}$. 证明 τ 为 $\mathcal{F}_\tau$-可测.

3. 设 $S, T \in \mathbb{S}$,

(1) 证明 $S \wedge T$ 和 $S \vee T$ 属于 $\mathcal{F}_\tau$;

(2) 证明 $\{S = T\}$, $\{S \leqslant T\}$, $\{S < T\}$ 均属于 $\mathcal{F}_S \cap \mathcal{F}_T$.

4. 如果 T_n 是一列停时, 证明 $\sup_n T_n$ 是停时.

5. 设 X_n 为一维随机过程, $B \in \mathcal{B}(\mathbb{R})$. 证明如下定义的 τ:

$$\tau = \begin{cases} \sup\{n : X_n \in B\}, & \text{如果存在 } n \text{ 使得 } X_n \in B, \\ 0, & \text{其他} \end{cases}$$

不是停时.

6. 设 $\{X_n\}_{n \geqslant 0}$ 为鞅. 则 $\{|X_n|\}_{n \geqslant 0}$ 为鞅当且仅当

(1) 对每个 $n \geqslant 1$, $X_n X_0 \geqslant 0$ a.s.;

(2) 对每个 $n \geqslant 0$, 在 a.s. 意义下, $\{X_n = 0\} \subset \{X_{n+1} = 0\}$.

7. 设 $S \in \mathbb{S}$. 证明: $X_t^S \equiv X_{t \wedge S}$ 为 $\mathcal{F}_{t \wedge S}$-鞅的充要条件是它为 $\mathcal{F}_t$-鞅.

8. 设 $X = \{X_n\}_{n \geqslant 0}$ 为一 $\{\mathcal{F}_n\}_{n \geqslant 0}$-适应序列, 则下列命题等价:

(1) 存在一停时 $T_k \uparrow \infty$, 使得对每个 k, $X^{T_k} = \{X_{T_k \wedge n}\}$ 为 $\{\mathcal{F}_n\}$-鞅;

(2) 对每个 $n \geqslant 0$, X_n 可积, 并且有

$$\mathbb{E}(X_{n+1}|\mathcal{F}_n) = X_n \ \text{a.s.}.$$

9. 设 $p > 1$, M^n 是一列连续鞅, $M_\infty^n \in L^p$, 且当 $n \to \infty$ 时, $M_\infty^n \xrightarrow{L^p} X$. 令 $M_t = \mathbb{E}(X|\mathcal{F}_t)$.

(1) 说明 $M_t \in L^p$;

(2) 证明 M 是连续鞅.

10. 令 X 是半鞅, $D_t = \sup_{s \leqslant t}|\Delta X_s|$ 局部可积. 证明 X 有如下分解 $X = X_0 + M + C$, 过程 C 为局部可积变差, M 是鞅.

11. 如果 $S \leqslant T$ 为两个有界停时, $X \in \mathcal{M}^{2,c}$, 且 $\langle X \rangle_S = \langle X \rangle_T$, 证明 X 在 $[S, T]$ 上为常数.

12. Y 是一致连续可积鞅, 证明对任意 $p \in [1, \infty)$, 以下两性质等价:

(1) 存在常数 C 满足对任意停时 T,

$$\mathbb{E}[|Y_\infty - Y_T|^p | \mathcal{F}_T] \leqslant C^p$$

几乎处处成立;

(2) 存在常数 C 满足对任意停时 T,

$$\mathbb{E}[|Y_\infty - Y_T|^p] \leqslant C^p \mathbb{P}[T < \infty].$$

13. 设 X 为正的下鞅且满足 $\mathbb{E}[\lim_{n \to \infty} X_n] = \mathbb{E}X_0 < \infty$, 则 X 为一致可积鞅.

14. 设 $X \in \mathcal{M}_{\text{loc}}^c$, ϕ 为凸函数. 证明 $\phi(X)$ 为局部下鞅.

15. 设 $X \in \mathcal{M}_{\text{loc}}^c$, $R \in \mathbb{S}$. 令 $Y_t = X_{R+t}$ 和 $\mathcal{G}_t = \mathcal{F}_{R+t}$. 证明 Y_t 为 $\mathcal{G}_t$-局部鞅.

16. 设 $X \in \mathcal{M}_{\text{loc}}^c$, $X_t \geqslant 0$ a.s., 且 $\mathbb{E}X_0 < \infty$. 证明 X_t 为上鞅.

17. 证明

(1) $\langle aX + bY, Z \rangle_t = a\langle X, Z \rangle_t + b\langle Y, Z \rangle_t$, $a, b \in \mathbb{R}$;

(2) $\langle X - X_0, Z \rangle_t = \langle X, Z \rangle_t$.

18. 令 $\tau \in \mathbb{S}$. 证明 $\langle X, Y^\tau \rangle = \langle X, Y \rangle^\tau$, 其中 $Y_t^\tau \equiv Y_{t \wedge \tau}$.

19. 设 $B = \{B_t\}_{t \geqslant 0}$ 是 1-维布朗运动, 证明下列过程均为布朗运动.

(1) $B_t^{(1)} = \dfrac{1}{c} B_{c^2 t}, c \geqslant 0$ 为常数;

(2) $B_t^{(2)} = -B_t$;

(3) $B_t^{(3)} = B_{t+s} - B_s, t \geqslant 0$, 对一固定的 $s > 0$;

(4) $B_t^{(4)} = B_c - B_{c-t}, 0 \leqslant t \leqslant c, c \geqslant 0$ 为常数.

20. 判断以下过程 X_t 是否为鞅.

(1) $X_t = B_t + 4t$;

(2) $X_t = B_t^2$;

(3) $X_t = B_t^3 - 3t B_t$.

21. 设 B_t 是 2-维布朗运动. 令

$$D_\rho = \{x \in \mathbb{R}^2 : |x| < \rho\}, \quad \rho > 0.$$

计算

$$\mathbb{P}(B_t \in D_\rho).$$

22. 设 B_t 是初始状态为 0 的 2-维布朗运动. 令 $U \in \mathbb{R}^{n \times n}$ 是一正交矩阵, i.e., $UU^{\mathrm{T}} = I$. 证明

$$\widetilde{B}_t := U B_t$$

是布朗运动.

23. 设 B_t 是 1-维布朗运动. $\sigma \in \mathbb{R}$ 是常数且 $0 \leqslant s < t$. 证明

$$\mathbb{E}\left(\exp\left(\sigma\left(B_t - B_s\right)\right)\right) = \exp\left(\frac{1}{2}\sigma^2\left(t - s\right)\right).$$

24. 设 B_t 是 2-维布朗运动, $X_t = \log|B_t|$. 证明: X_t 为局部鞅而非鞅.

第 2 章　随机积分和 Itô 公式

本章主要介绍随机积分的定义, 包括先对简单过程定义其随机积分, 再推广到非负的随机过程, 最后给出对一般过程的定义. 还介绍 Itô 公式及鞅表示定理, 最后讲测度变换. 这部分内容不仅在随机分析中至关重要, 在数理金融中也有极其广泛的应用.

2.1　可料过程

令 $\mathbb{L}$ 为左连续 $\mathcal{F}_t$-适应的随机过程全体. 对 $X \in \mathbb{L}$, 我们将其看成一个 $\mathbb{R}_+ \times \Omega$ 上的可测映射. 即 $X : (\mathbb{R}_+ \times \Omega, \mathcal{B}(\mathbb{R}_+) \otimes \mathcal{F}) \to (\mathbb{R}, \mathcal{B}(\mathbb{R}))$, 且对任意 $B \in \mathcal{B}(\mathbb{R})$ 满足 $X^{-1}(B) \in \mathcal{B}(\mathbb{R}_+) \otimes \mathcal{F}$, 其中

$$X^{-1}(B) = \{(t, \omega) \in \mathbb{R}_+ \times \Omega : X_t(\omega) \in B\}.$$

记

$$\mathcal{P} = \sigma\left(X^{-1}(B) : B \in \mathcal{B}(\mathbb{R}), X \in \mathbb{L}\right).$$

即 $\mathcal{P}$ 是 $(\mathbb{R}_+ \times \Omega, \mathcal{B}(\mathbb{R}_+) \otimes \mathcal{F})$ 上使得 $\forall X \in \mathbb{L}$, $X : (\mathbb{R}_+ \times \Omega, \mathcal{P}) \to (\mathbb{R}, \mathcal{B}(\mathbb{R}))$ 可测的最小 σ-代数.

定义 2.1.1　如果映射 $X : (\mathbb{R}_+ \times \Omega, \mathcal{P}) \to (\mathbb{R}, \mathcal{B}(\mathbb{R}))$ 可测, 则称随机过程 $X = (X_t(\omega))$ 可料.

例 2.1.1　令 $0 = t_0 < t_1 < \cdots < t_n$, 且 $\xi_0', \xi_j, j = 0, \cdots, n-1$ 为 $\mathcal{F}_{t_j}$-可测. 定义简单过程

$$X_t(\omega) = \xi_0'(\omega) 1_{\{0\}}(t) + \sum_{j=0}^{n-1} \xi_j(\omega) 1_{(t_j, t_{j+1}]}(t).$$

则 X 可料.

以下引理给出可料 σ-代数 $\mathcal{P}$ 的另一种描述.

引理 2.1.2　σ-代数 $\mathcal{P}$ 由所有形如 Γ 的集合生成:

$$\Gamma = \begin{cases} (u, v] \times B, & B \in \mathcal{F}_u, \\ \{0\} \times B, & B \in \mathcal{F}_0. \end{cases} \tag{2.1.1}$$

证明   令 $\mathcal{G}$ 中的集合元素为 $\Gamma = (u, v] \times B$, 其中 $B \in \mathcal{F}_u$, 或 $\Gamma = \{0\} \times B$, 其中 $B \in \mathcal{F}_0$. 对所有的 $\Gamma \in \mathcal{G}$, 易证 $1_\Gamma \in \mathbb{L}$. 因此 $\mathcal{G} \subset \mathcal{P}$. 也意味着 $\sigma(\mathcal{G}) \subset \mathcal{P}$, 其中 $\sigma(\mathcal{G})$ 是由 $\mathcal{G}$ 生成的 σ-代数. 另一方面, 对每个 $X \in \mathbb{L}$, 定义

$$X_t^n(\omega) = X_0(\omega)1_{\{0\}}(t) + \sum_{j=0}^{n^2} X_{j/n}(\omega)1_{(jn^{-1}, (j+1)n^{-1}]}(t).$$

显然 X^n 是 $\sigma(\mathcal{G})$-可测的且 $X_t^n(\omega) \to X_t(\omega)$ 对所有的 $t \geqslant 0$ 和 $\omega \in \Omega$ 均成立. 因此, X 关于 $\sigma(\mathcal{G})$-可测. 于是 $\mathcal{P} \subset \sigma(\mathcal{G})$. 综上所述, 我们有 $\mathcal{P} = \sigma(\mathcal{G})$. ∎

2.2 随 机 积 分

记 $\mathbb{L}_0$ 为形如 (2.2.1) 的所有简单可料过程 f_t 的集合:

$$f_t(\omega) = \sum_{j=0}^{n-1} \xi_j(\omega)1_{(t_j, t_{j+1}]}(t), \tag{2.2.1}$$

其中 $0 \leqslant t_0 < \cdots < t_n$, ξ_j 为有界 $\mathcal{F}_{t_j}$-可测随机变量.

固定 $M \in \mathcal{M}^{2,c}$. 对 $f \in \mathbb{L}_0$, 定义如下的 Itô 随机积分

$$I(f) \equiv \int f_s dM_s = \sum_{j=0}^{n-1} \xi_j(M_{t_{j+1}} - M_{t_j}). \tag{2.2.2}$$

命题 2.2.1   对所有的 $f \in \mathbb{L}_0$, 随机积分满足以下等式:

$$\mathbb{E}\left(\int f_s dM_s\right) = 0$$

和

$$\mathbb{E}\left(\left(\int f_s dM_s\right)^2\right) = \mathbb{E}\left(\int f_s^2 d\langle M\rangle_s\right).$$

证明   第一个等式成立是因为

$$\mathbb{E}\left(\int f_s dM_s\right) = \sum_{j=0}^{n-1} \mathbb{E}(\xi_j(M_{t_{j+1}} - M_{t_j}))$$

$$= \sum_{j=0}^{n-1} \mathbb{E}(\xi_j \mathbb{E}(M_{t_{j+1}} - M_{t_j}|\mathcal{F}_{t_j}))$$

$$= 0. \tag{2.2.3}$$

为了证明第二个等式, 注意到

$$\left(\int f_s dM_s\right)^2 = \sum_{j=0}^{n-1} \xi_j^2 (M_{t_{j+1}} - M_{t_j})^2$$
$$+ 2 \sum_{0 \leqslant j < k \leqslant n-1} \xi_j \xi_k (M_{t_{j+1}} - M_{t_j})(M_{t_{k+1}} - M_{t_k})$$
$$\equiv I_1 + I_2.$$

类似于 (2.2.3), $\mathbb{E}(I_2) = 0$. 另一方面,

$$\mathbb{E}(I_1) = \sum_{j=0}^{n-1} \mathbb{E}\left(\xi_j^2 \mathbb{E}\left((M_{t_{j+1}} - M_{t_j})^2 \Big| \mathcal{F}_{t_j}\right)\right)$$
$$= \sum_{j=0}^{n-1} \mathbb{E}\left(\xi_j^2 \mathbb{E}\left(M_{t_{j+1}}^2 - 2M_{t_{j+1}}M_{t_j} + M_{t_j}^2 \Big| \mathcal{F}_{t_j}\right)\right)$$
$$= \sum_{j=0}^{n-1} \mathbb{E}\left(\xi_j^2 \left(\mathbb{E}\left(M_{t_{j+1}}^2 - \langle M \rangle_{t_{j+1}} \Big| \mathcal{F}_{t_j}\right) + \mathbb{E}\left(\langle M \rangle_{t_{j+1}} \Big| \mathcal{F}_{t_j}\right) - M_{t_j}^2\right)\right)$$
$$= \sum_{j=0}^{n-1} \mathbb{E}\left(\xi_j^2 \left(\mathbb{E}\left(\langle M \rangle_{t_{j+1}} \Big| \mathcal{F}_{t_j}\right) - \langle M \rangle_{t_j}\right)\right)$$
$$= \sum_{j=0}^{n-1} \mathbb{E}\left(\xi_j^2 \left(\langle M \rangle_{t_{j+1}} - \langle M \rangle_{t_j}\right)\right)$$
$$= \mathbb{E}\left(\int f_s^2 d \langle M \rangle_s\right). \qquad \blacksquare$$

为将以上随机积分的定义推广到更一般的 f, 对 $M \in \mathcal{M}^{2,c}$, 我们定义 $(\mathbb{R}_+ \times \Omega, \mathcal{P})$ 上的测度 ν_M:

$$\nu_M(A) = \mathbb{E}\left(\int 1_A(t, \omega) d \langle M \rangle_t\right), \quad A \in \mathcal{P}.$$

由引理 2.1.2, 显然 $\mathbb{L}_0$ 是 $L^2(\nu_M)$ 的稠子空间.

以下定理由命题 2.2.1 直接可得.

定理 2.2.2 由 (2.2.2) 定义的 $I: \mathbb{L}_0 \subset L^2(\mathbb{R}_+ \times \Omega, \mathcal{P}, \nu_M) \to L^2(\Omega, \mathcal{F}, \mathbb{P})$ 为一个线性等距映射. 即当 $f, g \in \mathbb{L}_0$, $\alpha, \beta \in \mathbb{R}$, 有

$$I(\alpha f + \beta g) = \alpha I(f) + \beta I(g) \text{ a.s.}$$

且

$$\mathbb{E}\left(|I(f)|^2\right) = \int_{\mathbb{R}_+ \times \Omega} |f(t,\omega)|^2 \nu_M(dtd\omega).$$

于是, 它可唯一扩张为从 $L^2(\mathbb{R}_+ \times \Omega, \mathbb{P}, \nu_m)$ 到 $L^2(\Omega, \mathcal{F}, \mathbb{P})$ 的线性等距. 此扩张仍记作

$$I(f) = \int f_s dM_s.$$

如上我们已将随机积分定义为随机变量. 现在将随机积分定义为随机过程

$$I_t(f) \equiv \int_0^t f_s dM_s \equiv \int f_s 1_{[0,t]}(s) dM_s.$$

注意: $\int f_s dM_s = \int_0^\infty f_s dM_s$.

定理 2.2.3　当 $f \in L^2(\mathbb{R}_+ \times \Omega, \mathcal{P}, \nu_M)$ 且 $M \in \mathcal{M}^{2,c}$ 时, 随机过程 $I_t(f)$ 是一个连续平方可积鞅, 其 Meyer 过程为

$$\langle I(f) \rangle_t = \int_0^t f_s^2 d\langle M \rangle_s.$$

证明　仅需要在固定 T 的情况下, 对 $t \leqslant T$ 证明定理.

首先证明对简单过程 f 结论成立. 事实上, 当

$$f_t = \sum_{j=0}^{n-1} \xi_j 1_{(t_j, t_{j+1}]}(t),$$

有

$$I_t(f) = \sum_{j=0}^{n-1} \xi_j (M_{t \wedge t_{j+1}} - M_{t \wedge t_j})$$

显然连续.

设 $t_k \leqslant s < t \leqslant t_{k+1}$. 则

$$\mathbb{E}(I_t(f) - I_s(f)|\mathcal{F}_s) = \mathbb{E}(\xi_k(M_t - M_s)|\mathcal{F}_s)$$
$$= \xi_k(\mathbb{E}(M_t|\mathcal{F}_s) - M_s) = 0.$$

当 $t_{k-1} \leqslant s < t_k$,

$$\mathbb{E}(I_t(f)|\mathcal{F}_s) = \mathbb{E}(\mathbb{E}(I_t(f)|\mathcal{F}_{t_k})|\mathcal{F}_s)$$

$$= \mathbb{E}(I_{t_k}(f)|\mathcal{F}_s) = I_s(f).$$

递推可知 $I_t(f)$ 是鞅.

然后, 令

$$N_t = I_t(f)^2 - \int_0^t f_s^2 d\langle M\rangle_s.$$

现在证明 N_t 是鞅.

令 $t_k \leqslant s < t \leqslant t_{k+1}$. 则

$$\mathbb{E}(N_t - N_s|\mathcal{F}_s)$$

$$= \mathbb{E}\big(2I_s(f)\xi_k(M_t - M_s) + \xi_k^2(M_t - M_s)^2 - \xi_k^2(\langle M\rangle_t - \langle M\rangle_s)\big|\mathcal{F}_s\big)$$

$$= 0 + \xi_k^2 E((M_t - M_s)^2 - (\langle M\rangle_t - \langle M\rangle_s)|\mathcal{F}_s)$$

$$= \xi_k^2 E(M_t^2 - 2M_tM_s + M_s^2 - (\langle M\rangle_t - \langle M\rangle_s)|\mathcal{F}_s)$$

$$= 0.$$

其他情况同理可得.

下面考虑一般的 f. 令 $\{f^n\}$ 为一列简单可料过程使得

$$|f_s^n| \leqslant |f_s| \tag{2.2.4}$$

且

$$\|f^n - f\|_{L^2(\nu_M)}^2 = \mathbb{E}\int_0^T (f_s^n - f_s)^2 d\langle M\rangle_s < 2^{-n}.$$

由随机积分的定义, 可知

$$\mathbb{E}\left(\sup_{0 \leqslant t \leqslant T} |I_t(f^n) - I_t(f)|^2\right) \to 0. \tag{2.2.5}$$

由上已知 $I_t(f^n)$ 和

$$I_t(f^n)^2 - \int_0^t (f_s^n)^2 d\langle M\rangle_s$$

为鞅. 由 (2.2.5) 和 (2.2.4) 可知 $I_t(f)$ 和

$$I_t(f)^2 - \int_0^t f_s^2 d\langle M\rangle_s$$

为鞅. 所以, $I_t(f)$ 是平方可积鞅, 且其 Meyer 过程为

$$\langle I(f)\rangle_t = \int_0^t f_s^2 d\langle M\rangle_s.$$

由定理 1.1.15 得

$$\mathbb{P}\left(\sup_{0\leqslant t\leqslant T}|I_t(f^n) - I_t(f)| > \frac{1}{n}\right)$$

$$\leqslant 4n^2\mathbb{E}\left(|I_T(f^n) - I_T(f)|^2\right)$$

$$= 4n^2\mathbb{E}\int_0^T (f_s^n - f_s)^2 d\langle M\rangle_s < 4n^2 2^{-n}$$

关于 n 求和有限. 由 Borel-Cantelli 引理,

$$\mathbb{P}\left(\sup_{0\leqslant t\leqslant T}|I_t(f^n) - I_t(f)| > \frac{1}{n}, \text{ 对无穷多个 } n \text{ 成立}\right) = 0.$$

因此, 在几乎处处的意义下,

$$\sup_{0\leqslant t\leqslant T}|I_t(f^n) - I_t(f)| \to 0.$$

因为 $I_t(f^n)$ 连续, 所以 $I_t(f)$ 连续. ∎

设 $M, N \in \mathcal{M}^{2,c}$, $f \in L^2(\mathbb{R}_+ \times \Omega, \mathcal{P}, \nu_M)$ 和 $g \in L^2(\mathbb{R}_+ \times \Omega, \mathcal{P}, \nu_N)$. 记

$$\tilde{M}_t = \int_0^t f_s dM_s, \quad \tilde{N}_t = \int_0^t g_s dN_s.$$

回顾

$$\langle M, N\rangle_t = \frac{1}{4}\left(\langle M+N\rangle_t - \langle M-N\rangle_t\right)$$

是有限变差过程且使得 $M_t N_t - \langle M, N\rangle_t$ 为鞅. 可以证明 $\langle M, N\rangle_t$ 关于 M 和 N 是双线性的. 注意 $\langle M\rangle_t = \langle M, M\rangle_t$ 关于 t 单调递增.

在计算 $\tilde{M}$ 和 $\tilde{N}$ 的 Meyer 过程之前, 需要以下 Kunita-Watanabe 不等式.

定理 2.2.4 (Kunita-Watanabe 不等式)　记 $\langle M, N\rangle_s^{TV}$ 为 $\langle M, N\rangle$ 在 $[0,s]$ 上的全变差, 则

$$\int_0^\infty |f_s g_s| d\langle M, N\rangle_s^{TV} \leqslant \left(\int_0^\infty f_s^2 d\langle M\rangle_s\right)^{1/2}\left(\int_0^\infty g_s^2 d\langle N\rangle_s\right)^{1/2}. \qquad (2.2.6)$$

证明 第一步: 设 $s \leqslant t$. 对任意的随机过程 A_t, 记 $A_s^t = A_t - A_s$. 注意对任意的 $x \in \mathbb{R}$,

$$0 \leqslant \langle xM + N \rangle_s^t$$
$$= \langle M \rangle_s^t x^2 + 2 \langle M, N \rangle_s^t x + \langle N \rangle_s^t.$$

因此, 以上二次多项式的判别式

$$\left(2 \langle M, N \rangle_s^t \right)^2 - 4 \langle M \rangle_s^t \langle N \rangle_s^t \leqslant 0.$$

于是

$$\left| \langle M, N \rangle_s^t \right| \leqslant \left(\langle M \rangle_s^t \langle N \rangle_s^t \right)^{1/2}.$$

令 $t_0 = s < t_1 < \cdots < t_n = t$ 是 $[s,t]$ 的一个划分. 则

$$\sum_{i=1}^n | \langle M, N \rangle_{t_{i-1}}^{t_i} | \leqslant \sum_{i=1}^n \left(\langle M \rangle_{t_{i-1}}^{t_i} \langle N \rangle_{t_{i-1}}^{t_i} \right)^{1/2}$$
$$\leqslant \left(\sum_{i=1}^n \langle M \rangle_{t_{i-1}}^{t_i} \right)^{1/2} \left(\sum_{i=1}^n \langle N \rangle_{t_{i-1}}^{t_i} \right)^{1/2}$$
$$= \left(\langle M \rangle_s^t \langle N \rangle_s^t \right)^{1/2}.$$

令 $n \to \infty$, 可证当 $f = g = 1_{(s,t]}$ 时 (2.2.6) 成立.

第二步: 设 f 和 g 为简单过程:

$$f_s = \sum_{i=1}^n \xi_i 1_{(t_{i-1}, t_i]}(s), \quad g_s = \sum_{i=1}^n \eta_i 1_{(t_{i-1}, t_i]}(s).$$

则

$$\int_0^\infty |f_s g_s| d \langle M, N \rangle_s^{TV} = \sum_{i=1}^n |\xi_i \eta_i| \left(\langle M, N \rangle^{TV} \right)_{t_{i-1}}^{t_i}$$
$$\leqslant \sum_{i=1}^n |\xi_i \eta_i| \left(\langle M \rangle_{t_{i-1}}^{t_i} \langle N \rangle_{t_{i-1}}^{t_i} \right)^{1/2}$$
$$\leqslant \left(\sum_{i=1}^n \xi_i^2 \langle M \rangle_{t_{i-1}}^{t_i} \right)^{1/2} \left(\sum_{i=1}^n \eta_i^2 \langle N \rangle_{t_{i-1}}^{t_i} \right)^{1/2}$$

$$= \left(\int_0^\infty f_s^2 d\langle M\rangle_s\right)^{1/2} \left(\int_0^\infty g_s^2 d\langle N\rangle_s\right)^{1/2}.$$

从而对简单过程证明了 (2.2.6) 成立.

第三步: 对一般的使得 (2.2.6) 右端有限的 f 和 g, 令 f^n 和 g^n, $f_s^n \to f_s$, $g_s^n \to g_s$ 是两列分别满足 $|f_s^n| \leqslant |f_s|$, $|g_s^n| \leqslant |g_s|$ 的简单过程. 于是由控制收敛定理和第二步可知 (2.2.6) 成立. ∎

下面计算 $\tilde{M}$ 和 $\tilde{N}$ 的交互 Meyer 过程.

定理 2.2.5

$$\left\langle \tilde{M}, \tilde{N}\right\rangle_t = \int_0^t f_s g_s d\langle M, N\rangle_s. \tag{2.2.7}$$

证明 首先证明 (2.2.7) 对 $f = \xi 1_{(u,v]}$ 和 $g = \eta 1_{(u,v]}$ 成立, 其中 ξ, η 是 $\mathcal{F}_u$-可测的随机变量. 在此情况下,

$$\tilde{M}_t = \xi(M_{v\wedge t} - M_{u\wedge t}), \quad \tilde{N}_t = \eta(N_{v\wedge t} - N_{u\wedge t}).$$

先证明

$$U_t \equiv \tilde{M}_t \tilde{N}_t - \xi\eta(\langle M, N\rangle_{v\wedge t} - \langle M, N\rangle_{u\wedge t})$$

是鞅. 设 $u \leqslant s < t \leqslant v$, 则

$$\mathbb{E}(U_t - U_s|\mathcal{F}_s)$$
$$= \xi\eta\mathbb{E}((M_t - M_u)(N_t - N_u) - (M_s - M_u)(N_s - N_u)|\mathcal{F}_s)$$
$$+ \xi\eta\mathbb{E}(-\langle M, N\rangle_t + \langle M, N\rangle_s|\mathcal{F}_s)$$
$$= \xi\eta\mathbb{E}(M_t N_t - M_s N_s - \langle M, N\rangle_t + \langle M, N\rangle_s|\mathcal{F}_s) = 0.$$

对其他情况的 s 和 t, 同理可证上式成立. 这证明了 U_t 是鞅, 因此 (2.2.7) 成立.

下面考虑 $g = \eta 1_{(a,b]}$, 其中 η 是 $\mathcal{F}_a$-可测的随机变量. 假设 $(u,v]$ 与 $(a,b]$ 不相交. 这样,

$$\tilde{N}_t = \eta(N_{b\wedge t} - N_{a\wedge t}).$$

现在证明 $\tilde{M}_t \tilde{N}_t$ 是鞅.

不妨假设 $u < v < a < b$. 考虑 $a \leqslant s < t \leqslant b$ (其他情况类似可证). 则

$$\mathbb{E}(\tilde{M}_t \tilde{N}_t - \tilde{M}_s \tilde{N}_s|\mathcal{F}_s)$$
$$= \xi\eta\mathbb{E}((M_v - M_u)(N_t - N_a) - (M_v - M_u)(N_s - N_a)|\mathcal{F}_s)$$
$$= \xi\eta(M_v - M_u)\mathbb{E}((N_t - N_s)|\mathcal{F}_s) = 0.$$

(2.2.7) 在此情况成立.

剩下的部分由经典的方法可得. 也就是说, 先对 f 和 g 同为简单过程时证明成立. 在此情况, 将 $\tilde{M}_t\tilde{N}_t$ 写为有限项之和, 每一项是以上两种情况之一. 因此, (2.2.7) 在此情况成立. 之后, 可以通过单调逼近来处理非负的情况. 最后通过线性性, 也就是把一般过程写为正部负部之差, 从而证明结论对一般过程也成立. ■

最后, 给出 $M \in \mathcal{M}_{\mathrm{loc}}^{2,c}$ 时的随机积分定义.

定义 2.2.1　固定 $M \in \mathcal{M}_{\mathrm{loc}}^{2,c}$. 如果 f 是一个实值可料过程且存在单调上升到 ∞ 的停时序列 σ_n 使得

$$\mathbb{E}\left(\int_0^{\sigma_n} f_t^2 d\langle M\rangle_t\right) < \infty, \quad \forall\, n \in \mathbb{N}, \tag{2.2.8}$$

则记 $f \in L_{\mathrm{loc}}^2(M)$.

显然可以在定义 2.2.1 中通过修改 σ_n 的定义使得对每个 $n \in \mathbb{N}$, $M_t^{\sigma_n} \equiv M_{t\wedge\sigma_n}$ 为平方可积鞅. 定义

$$I_t^n(f) = I_t(1_{(0,\sigma_n]}f).$$

当 $m < n$ 时, 易证

$$I_t^m(f) = I_{t\wedge\sigma_m}^n(f).$$

因此, 存在唯一的随机过程 $I_t(f)$ 使得

$$I_t^n(f) = I_{t\wedge\sigma_n}(f).$$

定义 2.2.2　称 $I_t(f)$ 为 $f \in L_{\mathrm{loc}}^2(M)$ 关于 $M \in \mathcal{M}_{\mathrm{loc}}^{2,c}$ 的随机积分. 也可把 $I_t(f)$ 记为 $\int_0^t f_s dM_s$.

2.3　Itô 公式

本节推导半鞅的 Itô 公式, 此公式类似于数学分析中的链式法则.

定义 2.3.1　设 X_t 为 d-维随机过程. 如果

$$X_t = X_0 + M_t + A_t,$$

其中分量 $M^1, \cdots, M^d$ 是连续鞅, $A^1, \cdots, A^d$ 是连续有限变差过程, 则称 X_t 为连续半鞅.

在叙述 Itô 公式之前, 需要引入以下记号. 令 $C_b^2(\mathbb{R}^d)$ 为所有具有连续有界一至二阶偏导的有界可微函数全体. 记函数 F 关于第 i 个变量的偏导为 $\partial_i F$. 类似地, 记 $\dfrac{\partial^2 F}{\partial x_i \partial x_j}$ 为 $\partial_{ij}^2 F$.

回忆微积分的链式法则和 Taylor 展式:

$$\frac{d}{dt}f(X_t) = f'(X_t)\frac{d}{dt}X_t$$

和

$$df(X_t) \approx f(X_t + dX_t) - f(X_t)$$
$$= f'(X_t)dX_t + \frac{1}{2}f''(X_t)(dX_t)^2 + \cdots.$$

在微积分中, 因 X_t 是有限变差的, 所以 $(dX_t)^2 = 0$. 在随机分析中并非如此. 例如对布朗运动 B_t, 有 $(dB_t)^2 = dt$.

定理 2.3.1 (Itô 公式) 令 X_t 是 d-维连续半鞅, $F \in C_b^2(\mathbb{R}^d)$. 则

$$F(X_t) = F(X_0) + \sum_{i=1}^d \int_0^t \partial_i F(X_s)dM_s^i + \sum_{i=1}^d \int_0^t \partial_i F(X_s)dA_s^i$$

$$+ \frac{1}{2}\sum_{i,j=1}^d \int_0^t \partial_{ij}^2 F(X_s)d\langle M^i, M^j\rangle_s, \tag{2.3.1}$$

或写为微分形式

$$dF(X_t) = \sum_{i=1}^d \partial_i F(X_t)dM_t^i + \sum_{i=1}^d \partial_i F(X_t)dA_t^i$$

$$+ \frac{1}{2}\sum_{i,j=1}^d \partial_{ij}^2 F(X_t)d\langle M^i, M^j\rangle_t.$$

证明 为记号方便, 设 $d=1$. 令

$$\tau_n = \begin{cases} 0, & |X_0| > n, \\ \inf\{t: |M_t| > n \text{ 或 } A_t^{TV} > n \text{ 或 } \langle M\rangle_t > n\}, & |X_0| \leqslant n. \end{cases}$$

显然在几乎必然的意义下有 $\tau_n \uparrow \infty$. 仅需证 t 换为 $t \wedge \tau_n$ 时 (2.3.1) 成立. 换言之, 不妨设 $|X_0|, |M_t|, A_t^{TV}$ 和 $\langle M\rangle_t$ 均以常数 K 为界, 且 $F \in C_0^2(\mathbb{R})$, 其中 $C_0^2(\mathbb{R})$ 表示 $C_b^2(\mathbb{R})$ 中所有具有紧支撑的函数全体.

令 $t_i = \dfrac{it}{n}$, $i = 0,\ 1,\ \cdots,\ n$. 由中值定理, 有

$$
\begin{aligned}
F(X_t) - F(X_0) &= \sum_{i=0}^{n-1} (F(X_{t_{i+1}}) - F(X_{t_i})) \\
&= \sum_{i=0}^{n-1} F'(X_{t_i})(X_{t_{i+1}} - X_{t_i}) \\
&\quad + \frac{1}{2} \sum_{i=0}^{n-1} F''(\xi_i)(X_{t_{i+1}} - X_{t_i})^2 \\
&\equiv I_1^n + I_2^n,
\end{aligned}
\tag{2.3.2}
$$

其中 ξ_i 介于 X_{t_i} 与 $X_{t_{i+1}}$ 之间.

注意到当 $n \to \infty$ 时, 有

$$
\begin{aligned}
I_1^n &= \sum_{i=0}^{n-1} F'(X_{t_i})(M_{t_{i+1}} - M_{t_i}) + \sum_{i=0}^{n-1} F'(X_{t_i})(A_{t_{i+1}} - A_{t_i}) \\
&\to \int_0^t F'(X_s)\,dM_s + \int_0^t F'(X_s)\,dA_s.
\end{aligned}
\tag{2.3.3}
$$

另一方面,

$$
\begin{aligned}
2I_2^n &= \sum_{i=0}^{n-1} F''(\xi_i)(M_{t_{i+1}} - M_{t_i})^2 \\
&\quad + 2\sum_{i=0}^{n-1} F''(\xi_i)(M_{t_{i+1}} - M_{t_i})(A_{t_{i+1}} - A_{t_i}) \\
&\quad + \sum_{i=0}^{n-1} F''(\xi_i)(A_{t_{i+1}} - A_{t_i})^2 \\
&\equiv I_{21}^n + I_{22}^n + I_{23}^n.
\end{aligned}
\tag{2.3.4}
$$

因 A_t 连续且变差有限, 以及 M_t 连续, 显然 $I_{22}^n \to 0$ 和 $I_{23}^n \to 0$.

令

$$
V = \sum_{i=1}^{n} (M_{t_i} - M_{t_{i-1}})^2.
$$

则

$$\mathbb{E}\left(V^2\right) = \sum_{i=1}^{n} \mathbb{E}(M_{t_i} - M_{t_{i-1}})^4$$

$$+ 2 \sum_{1 \leqslant i < j \leqslant n} \mathbb{E}\left\{ \mathbb{E}\left((M_{t_j} - M_{t_{j-1}})^2 | \mathcal{F}_{t_{j-1}}\right)(M_{t_i} - M_{t_{i-1}})^2 \right\}$$

$$\leqslant 4K^2 \sum_{i=1}^{n} \mathbb{E}(M_{t_i} - M_{t_{i-1}})^2$$

$$+ 2 \sum_{1 \leqslant i < j \leqslant n} \mathbb{E}\left\{ \left(\langle M \rangle_{t_j} - \langle M \rangle_{t_{j-1}}\right)(M_{t_i} - M_{t_{i-1}})^2 \right\}$$

$$\leqslant 4K^2 \mathbb{E}(V) + 2K \sum_{1 \leqslant i < n} \mathbb{E}\left\{ (M_{t_i} - M_{t_{i-1}})^2 \right\}$$

$$\leqslant (4K^2 + 2K)\mathbb{E}(V)$$

$$\leqslant (4K^2 + 2K)\sqrt{\mathbb{E}\left(V^2\right)}.$$

因此,

$$\mathbb{E}\left(V^2\right) \leqslant (4K^2 + 2K)^2.$$

令

$$I_3^n = \sum_{i=0}^{n-1} F''(X_{t_i})(M_{t_{i+1}} - M_{t_i})^2,$$

$$I_4^n = \sum_{i=0}^{n-1} F''(X_{t_i})\left(\langle M \rangle_{t_{i+1}} - \langle M \rangle_{t_i}\right).$$

则

$$\left\{\mathbb{E}(|I_3^n - I_{21}^n|)\right\}^2 \leqslant \mathbb{E}\left(\max_{0 \leqslant i \leqslant n-1} |F''(\xi_i) - F''(X_{t_i})|^2\right)\mathbb{E}\left(V^2\right) \to 0 \qquad (2.3.5)$$

和

$$I_4^n \to \int_0^t F''(X_s) d\langle M \rangle_s. \qquad (2.3.6)$$

最后,

$$\mathbb{E}\left(|I_3^n - I_4^n|^2\right)$$

$$= \mathbb{E} \sum_{i=0}^{n-1} F''(X_{t_i})^2 \left((M_{t_{i+1}} - M_{t_i})^2 - \left(\langle M \rangle_{t_{i+1}} - \langle M \rangle_{t_i} \right) \right)^2$$

$$\leqslant \|F''\|_\infty^2 \mathbb{E} \left\{ \sum_{i=0}^{n-1} (M_{t_{i+1}} - M_{t_i})^4 + \left(\langle M \rangle_{t_{i+1}} - \langle M \rangle_{t_i} \right)^2 \right\}$$

$$\to 0. \tag{2.3.7}$$

结合 (2.3.5)—(2.3.7) 可知

$$I_{21}^n \to \int_0^t F''(X_s) d \langle M \rangle_s. \tag{2.3.8}$$

方程 (2.3.1) 由 (2.3.2)—(2.3.4) 和 (2.3.8) 推出. ■

例 2.3.2 计算 de^{B_t}, $d \sin B_t$ 和 $\int_0^t B_s dB_s$.

解 由 Itô 公式可得

$$de^{B_t} = e^{B_t} dB_t + \frac{1}{2} e^{B_t} dt$$

和

$$d \sin B_t = \cos B_t dB_t - \frac{1}{2} \sin B_t dt.$$

注意到

$$d(B_t^2) = 2B_t dB_t + dt.$$

因此,

$$B_t^2 = \int_0^t 2B_s dB_s + t.$$

于是,

$$\int_0^t B_s dB_s = \frac{1}{2}(B_t^2 - t). \quad ■$$

作为 Itô 公式的应用, 对连续平方可积鞅, 证明 Meyer 过程等于二次变差过程.

定理 2.3.3 设 $M \in \mathcal{M}_{\text{loc}}^{2,c}$. 令 $0 = t_0^n < t_1^n < \cdots < t_n^n = t$ 满足

$$\max_{1 \leqslant j \leqslant n} (t_j^n - t_{j-1}^n) \xrightarrow{n \to \infty} 0.$$

则

$$\lim_{n\to\infty}\sum_{j=1}^{n}(M_{t_j^n}-M_{t_{j-1}^n})^2=\langle M\rangle_t.$$

证明　注意到

$$\sum_{j=1}^{n}(M_{t_j^n}-M_{t_{j-1}^n})^2$$

$$=\sum_{j=1}^{n}\left(\int_{t_{j-1}^n}^{t_j^n}2(M_s-M_{t_{j-1}^n})dM_s+\langle M\rangle_{t_j^n}-\langle M\rangle_{t_{j-1}^n}\right)$$

$$=2\int_0^t M_s dM_s-2\sum_{j=1}^{n}M_{t_{j-1}^n}(M_{t_j^n}-M_{t_{j-1}^n})+\langle M\rangle_t$$

$$\overset{n\to\infty}{\longrightarrow}\langle M\rangle_t,$$

其中第一个等式由 Itô 公式可得, 最后一个极限由随机积分的定义得到.　■

作为 Itô 公式的另一个应用, 我们证明 Burkholder-Davis-Gundy 不等式. 回忆 Doob 不等式 (定理 1.1.15):

$$\mathbb{E}\left(\max_{s\leqslant t}|X_s|^p\right)\leqslant\left(\frac{p}{p-1}\right)^p\mathbb{E}(|X_t|^p).$$

设 $X_0=0$. 因 $X_s^2-\langle X\rangle_s$ 是鞅, $\mathbb{E}(|X_t|^2)=\mathbb{E}(\langle X\rangle_t)$. Doob 不等式变为

$$\mathbb{E}\left(\max_{s\leqslant t}|X_s|^2\right)\leqslant 4\mathbb{E}(\langle X\rangle_t).\qquad(2.3.9)$$

上式称作 Burkholder-Davis-Gundy 不等式 , 或简记为 BDG 不等式.

定理 2.3.4 (Burkholder-Davis-Gundy 不等式)　设 $p\geqslant 2$, $X\in\mathcal{M}^{2,c}$ 且 $X_0=0$. 则存在常数 K_p 使得

$$\mathbb{E}\left(\max_{s\leqslant t}|X_s|^p\right)\leqslant K_p\mathbb{E}\left(\langle X\rangle_t^{\frac{p}{2}}\right).\qquad(2.3.10)$$

证明　当 $p\geqslant 2$, 函数 $|x|^p\in C^2$. 由 Itô 公式得

$$|X_t|^p=\int_0^t p|X_s|^{p-2}X_s dX_s+\frac{p(p-1)}{2}\int_0^t|X_s|^{p-2}d\langle X\rangle_s.$$

两端取期望, 由 Hölder 不等式得

$$
\begin{aligned}
\mathbb{E}\left(|X_t|^p\right) &= \frac{p(p-1)}{2}\mathbb{E}\int_0^t |X_s|^{p-2}d\langle X\rangle_s \\
&\leqslant \frac{p(p-1)}{2}\mathbb{E}\left(\left(\max_{s\leqslant t}|X_s|^{p-2}\right)\langle X\rangle_t\right) \\
&\leqslant \frac{p(p-1)}{2}\left(\mathbb{E}\left(\max_{s\leqslant t}|X_s|^p\right)\right)^{\frac{p-2}{p}}\left(\mathbb{E}\left(\langle X\rangle_t^{\frac{p}{2}}\right)\right)^{\frac{2}{p}}.
\end{aligned}
$$

结合 Doob 不等式得

$$
\mathbb{E}\left(\max_{s\leqslant t}|X_s|^p\right)\leqslant \left(\frac{p}{p-1}\right)^p\frac{p(p-1)}{2}\left(\mathbb{E}\left(\max_{s\leqslant t}|X_s|^p\right)\right)^{\frac{p-2}{p}}\left(\mathbb{E}\left(\langle X\rangle_t^{\frac{p}{2}}\right)\right)^{\frac{2}{p}}.
$$

简单整理可知 (2.3.10) 式成立. ■

注释 2.3.5 BDG 不等式对任意 $p\geqslant 0$ 均成立, 其证明要比以上给出的难很多. 然而, 在本书中我们会经常用到 $p=1$ 时的结论.

2.4 关于布朗运动的鞅表示定理

本节用 Itô 公式来推导布朗运动的 Meyer 过程刻画. 然后, 作为这个结果的直接推论, 我们给出平方可积鞅的关于布朗运动的随机积分表示.

记向量或者矩阵 ξ 的转置为 ξ^*.

定理 2.4.1 设 $X_t=(X_t^1,\cdots,X_t^d)^*$ 满足 $X^j\in\mathcal{M}_{\mathrm{loc}}^{2,c}$, $X_0=0$ 且

$$
\langle X^j, X^k\rangle_t = \delta_{jk}t, \quad j,k=1,2,\cdots,d.
$$

则 X_t 是 d-维布朗运动.

证明 任意固定 $\xi\in\mathbb{R}^d$. 对函数 $\exp(i\xi^*x)$ 用 Itô 公式,

$$
\exp(i\xi^* X_t) = \exp(i\xi^* X_s) + \int_s^t i\exp(i\xi^* X_u)\xi^* dX_u - \frac{1}{2}\int_s^t |\xi|^2\exp(i\xi^* X_u)\,du.
$$

因此,

$$
\mathbb{E}\left(\exp(i\xi^* X_t)\,\big|\,\mathcal{F}_s\right) = \exp(i\xi^* X_s) - \frac{1}{2}\int_s^t |\xi|^2\mathbb{E}\left(\exp(i\xi^* X_u)\,\big|\,\mathcal{F}_s\right)du.
$$

解以上积分方程, 得

$$
\mathbb{E}\left(\exp(i\xi^*(X_t-X_s))\,\big|\,\mathcal{F}_s\right) = \exp\left(-\frac{1}{2}|\xi|^2(t-s)\right).
$$

因此, $X_t - X_s$ 的条件特征函数与无条件特征函数相同. 这表明 $X_t - X_s$ 独立于 $\mathcal{F}_s$ 且 $X_t - X_s$ 是均值为 0 协方差为 $(t - s)I_d$ 的多维正态随机向量. 即 X_t 是 d-维布朗运动. ∎

作为定理 2.4.1 的一个应用, 我们可以将任意局部平方可积鞅表示为时间变换后的布朗运动.

定理 2.4.2   设 $M \in \mathcal{M}_{\text{loc}}^{2,c}$ 满足

$$\lim_{t \to \infty} \langle M \rangle_t = \infty \ \text{a.s..}$$

令 $\tau_t = \inf\{u : \langle M \rangle_u > t\}$ 和 $\tilde{\mathcal{F}}_t = \mathcal{F}_{\tau_t}$. 则 $B_t = M_{\tau_t}$ 是 $(\tilde{\mathcal{F}}_t)$-布朗运动. 所以, M_t 可表示如下:

$$M_t = B_{\langle M \rangle_t}.$$

证明   首先证明 B_t 连续. 注意到只有当 τ_t 有跳且 M 在跳处不为常数时 B_t 可能不连续. 而 τ_t 只有在 $\langle M \rangle$ 为常数时才可能有跳. 从而由第 1 章的练习 11 可知 B 的连续性.

由推论 1.3.6, 我们有

$$\langle B \rangle_t = \langle M \rangle_{\tau_t} = t.$$

所以, B_t 是布朗运动. ∎

注释 2.4.3   如果条件 $\lim_{t \to \infty} \langle M \rangle_t = \infty$ 不满足, 则上面的布朗运动只能定义到 $t < \langle M \rangle_\infty$. 我们可以把概率空间适当扩张, 例如乘以一个新的概率空间且其上有一个独立的布朗运动, 将这个新的布朗运动接到原有的布朗运动, 可以得到一个在延拓后的概率空间上的布朗运动. 换言之, 条件 $\langle M \rangle_\infty = \infty$ 可去掉.

下面把平方可积鞅表示为关于布朗运动的积分.

定理 2.4.4   令 $M^i \in \mathcal{M}^{2,c}$, $i = 1, 2, \cdots, d$. 令 $\Psi_{ij} : \mathbb{R}_+ \times \Omega \to \mathbb{R}$, $i, j = 1, 2, \cdots, d$ 是可料过程且满足

$$\langle M^i, M^j \rangle_t = \int_0^t \sum_{k=1}^d \Psi_{ik}(s) \Psi_{jk}(s) ds.$$

若矩阵 $\Psi(s) \equiv (\Psi_{ij}(s))_{d \times d}$ 的行列式满足

$$\det(\Psi(s)) \neq 0 \quad \text{a.s.} \quad \forall s, \tag{2.4.1}$$

则存在 d-维布朗运动 B_t 使得 $\forall i = 1, 2, \cdots, d$,

$$M_t^i = \sum_{k=1}^d \int_0^t \Psi_{ik}(s) dB_s^k. \tag{2.4.2}$$

证明 当 $N > 0$, 令

$$I_N(s) = 1_{\max_{1 \leqslant i,j \leqslant d} |\Psi(s)_{ij}^{-1}| \leqslant N},$$

其中 $\Psi(s)^{-1}$ 是 $\Psi(s)$ 的逆矩阵. 定义

$$B_t^{i,N} = \sum_{k=1}^{d} \int_0^t \Psi(s)_{ik}^{-1} I_N(s) dM_s^k, \quad i = 1, 2, \cdots, d.$$

则 $B^{i,N} \in \mathcal{M}^{2,c}$ 且

$$\langle B^{i,N}, B^{j,N} \rangle_t = \sum_{k,\ell=1}^{d} \int_0^t \Psi(s)_{ik}^{-1} \Psi(s)_{j\ell}^{-1} I_N(s) \sum_{m=1}^{d} \Psi_{km}(s) \Psi_{\ell m}(s) ds$$

$$= \sum_{m=1}^{d} \int_0^t \delta_{im} \delta_{jm} I_N(s) ds$$

$$= \int_0^t I_N(s) ds \delta_{ij}.$$

类似可证

$$\langle B^{i,N} - B^{i,N'} \rangle_t = \int_0^t |I_N(s) - I_{N'}(s)|^2 ds.$$

所以, 当 $N, N' \to \infty$,

$$\mathbb{E} \sup_{0 \leqslant t \leqslant T} \left| B_t^{i,N} - B_t^{i,N'} \right|^2 \leqslant 4\mathbb{E} \int_0^T |I_N(s) - I_{N'}(s)|^2 ds \to 0.$$

因此, $B^{i,N}$ 在 $\mathcal{M}^{2,c}$ 中收敛于 B^i 且

$$\langle B^i, B^j \rangle_t = \delta_{ij} t.$$

由定理 2.4.1, $B_t = (B_t^1, \cdots, B_t^d)$ 是 d-维布朗运动.

注意到

$$\sum_{k=1}^{d} \int_0^t \Psi_{ik}(s) dB_s^{k,N} = \int_0^t I_N(s) dM_s^i.$$

令 $N \to \infty$ 得 (2.4.2). ∎

注释 2.4.5　在定理 2.4.4 中, 条件 $\det(\Psi(s)) \neq 0$ 可以去掉. 事实上, $\Psi(s)$ 不一定必须是方阵. 定理可修改如下:

令 $M^i \in \mathcal{M}^{2,c}$, $i = 1, 2, \cdots, d$. 设 $\Psi : \mathbb{R}_+ \times \Omega \to \mathbb{R}^{d \times n}$ 为可料过程, 且满足

$$\langle M^i, M^j \rangle_t = \int_0^t \sum_{k=1}^n \Psi_{ik}(s) \Psi_{jk}(s) ds.$$

则在某个延拓的随机基上存在 d-维布朗运动 B_t 使得

$$M_t^i = \sum_{k=1}^n \int_0^t \Psi_{ik}(s) dB_s^k. \tag{2.4.3}$$

相应地, 证明可大致做以下修改: 若 $d < n$, 在延拓随机基上用布朗运动添加更多的鞅; 或者当 $d > n$ 时, 可以对布朗运动添加更多分量, 并且对矩阵 $\Psi(s)$ 可以添加由 0 构成的更多的列向量. 所以, 可假设 $\Psi(s)$ 是方阵. 若 $\Psi(s)$ 不可逆, 可以用 $(\Psi(s)^*\Psi(s) + \epsilon I)^{-\frac{1}{2}}$ 代替其逆, 然后令 $\epsilon \to 0$.

最后给出布朗运动给定时的鞅表示定理.

定理 2.4.6　设 $\mathcal{F}_t = \mathcal{F}_t^B$ 为 d-维布朗运动 B 生成的 σ-代数, 如果 $X \in L^2(\Omega, \mathcal{F}_\infty^B, P)$, 则存在 $\mathcal{F}_t^{B^i}$-适应过程 H_t^i 满足

$$\mathbb{E} \int_0^\infty (H_t^i)^2 dt < \infty, \quad i = 1, \cdots, d \tag{2.4.4}$$

且使得

$$X = \mathbb{E}X + \sum_{i=1}^d \int_0^\infty H_t^i dB_t^i. \tag{2.4.5}$$

证明　为记号简单起见, 令 $\mathbb{E}X = 0$ 和 $d = 1$. 记 ϑ 为所有形如

$$H_t = \sum_{j=1}^n \lambda_j 1_{(s_{j-1}, s_j]}(t)$$

的可积过程全体, 其中 s_j, λ_j 为非随机且 $0 = s_0 < s_1 < \cdots < s_n$. 令

$$Y_t = (H \cdot B)_t \equiv \int_0^t H_s dB_s$$

和

$$Z_t = \mathcal{E}(Y)_t \equiv \exp\left(Y_t - \frac{1}{2}\langle Y \rangle_t\right).$$

则 $Y \in \mathcal{M}^{2,c}$ 且

$$Z_t = 1 + \int_0^t Z_s H_s dB_s = 1 + \int_0^\infty Z_s H_s 1_{s \leqslant t} dB_s.$$

令

$$\mathcal{J} = \{\mathcal{E}(H \cdot B)_t - 1 : H \in \vartheta, t \geqslant 0\}$$

和

$$\mathcal{G} = \left\{ X \in L^2(\Omega, \mathcal{F}_\infty^B, P) : X = \int_0^\infty H_s dB_s, H \text{ 满足 (2.4.4)} \right\}.$$

因为 Y_t 服从正态分布且 $\langle Y \rangle_t = \int_0^t H_s^2 ds < \infty$, 有

$$\mathbb{E} Z_t^2 = \mathbb{E} \exp\left(2Y_t - \langle Y \rangle_t\right) < \infty.$$

所以

$$\mathbb{E} \int_0^\infty |Z_s H_s 1_{\{s \leqslant t\}}|^2 ds = \mathbb{E}(Z_t - 1)^2 < \infty.$$

从而

$$\mathcal{J} \subset \mathcal{G} \subset L^2(\Omega, \mathcal{F}_\infty^B, P) \equiv L^2.$$

显然 $\mathcal{G}$ 为 L^2 的子空间. 令 $X_n \in \mathcal{G}$ 使得 X_n 在 L^2 中收敛到 X. 下面证明 $X \in \mathcal{G}$. 事实上, 当 $n, m \to \infty$, 有

$$\mathbb{E}(X_n - X_m)^2 = \mathbb{E} \int_0^\infty (H_s^n - H_s^m)^2 ds \to 0.$$

因此, $H^n \to H$ 且 H 满足 (2.4.4), 从而 $X = \int_0^\infty H_s dB_s \in \mathcal{G}$.

最后证明 $\mathcal{G} = L^2$. 令 $Y \in L^2$ 使得 $\mathbb{E}Y = 0$ 且 $\mathbb{E}(Y(Z - 1)) = 0$ 对所有 $Z - 1 \in \mathcal{J}$ 成立. 我们将证明 $Y = 0$. 令

$$Y_n = \mathbb{E}(Y | B_{s_1}, \cdots, B_{s_n}) = f(B_{s_1}, B_{s_2} - B_{s_1}, \cdots, B_{s_n} - B_{s_{n-1}}).$$

则

$$0 = \mathbb{E}(Y_n Z)$$

$$= \mathbb{E}\left(f(B_{s_1}, B_{s_2} - B_{s_1}, \cdots, B_{s_n} - B_{s_{n-1}}) \exp\left(\sum_{j=1}^n \lambda_j \left(B_{t_i} - B_{t_{i-1}} \right) \right) \right).$$

因此 $f \equiv 0$. 从而 $Y = 0$, 即 $\mathcal{G} = L^2$. 由此定理得证. ∎

推论 2.4.7 设 $M_t, 0 \leqslant t \leqslant T$ 为 $\mathcal{F}_t^B$-平方可积鞅, 则存在 $\mathcal{F}_t^B$-适应过程 H 满足

$$\mathbb{E}\int_0^T |H_t|^2 dt < \infty \quad \text{且} \quad M_t = \mathbb{E}M_0 + \sum_{i=1}^d \int_0^t H_s^i dB_s^i.$$

证明 令 $X = M_T$. 则存在 H 使得

$$M_T = \mathbb{E}M_T + \sum_{i=1}^d \int_0^T H_s^i dB_s^i.$$

因此,

$$M_t = \mathbb{E}(M_T|\mathcal{F}_t^B) = \mathbb{E}M_0 + \sum_{i=1}^d \int_0^t H_s^i dB_s^i. \qquad \blacksquare$$

2.5 测 度 变 换

本节主要研究以下问题: 在等价测度下, 鞅会变成什么?

首先, 我们考虑一非负的局部鞅: 在一定条件下, 它成为一个鞅并且是新的概率测度关于原测度的 Radon-Nikodym 导数.

对 $X \in \mathcal{M}_{\text{loc}}^{2,c}$ 满足 $X_0 = 0$, 定义

$$\mathcal{E}(X)_t \equiv \exp\left(X_t - \frac{1}{2}\langle X \rangle_t\right).$$

引理 2.5.1 正值过程 $\mathcal{E}(X)_t$ 是一连续局部鞅.

证明 用 Itô 公式得

$$\mathcal{E}(X)_t = 1 + \int_0^t \mathcal{E}(X)_s dX_s.$$

因此 $\mathcal{E}(X)$ 是连续局部鞅. $\qquad \blacksquare$

注释 2.5.2 因 $d\mathcal{E}(X)_t = \mathcal{E}(X_t)dX_t$, 称 $\mathcal{E}(X)_t$ 为 X_t 的随机指数.

定理 2.5.3 (Kazamaki 定理) 若 $\sup_{t \leqslant T} \mathbb{E}\exp\left(\frac{1}{2}X_t\right) < \infty$ 对所有的 $T > 0$ 均成立, 则 $\mathcal{E}(X)_t$ 是鞅.

证明 令 $\{\sigma_n\}$ 为递增至无穷的停时列使得对任意 n, $\{\mathcal{E}(X)_{t \wedge \sigma_n} : t \geqslant 0\}$ 是鞅. 对任意有界停时 σ, 由 Fatou 引理可得

$$\mathbb{E}\mathcal{E}(X)_\sigma \leqslant \liminf_{n\to\infty} \mathbb{E}\mathcal{E}(X)_{\sigma \wedge \sigma_n} = 1. \qquad (2.5.1)$$

下面证明 $\mathbb{E}\mathcal{E}(X)_\sigma = 1$. 注意到当 $a \in (0,1)$ 时,

$$\mathcal{E}(aX)_t = (\mathcal{E}(X)_t)^{a^2}(Z_t^{(a)})^{1-a^2},$$

其中 $Z_t^{(a)} = \exp\left(aX_t/(1+a)\right)$. 由 Jensen 不等式可得 $Z_t^{(a)} = \left(e^{\frac{1}{2}X_t}\right)^{\frac{2a}{1+a}}$ 是局部 下鞅. 因 $\sup_{t \leqslant T} \mathbb{E}\exp\left(\dfrac{1}{2}X_t\right) < \infty$ 且 $\dfrac{2a}{1+a} < 1$, $\{Z_t^{(a)} : t \leqslant T\}$ 一致可积. 所 以, $\{Z_t^{(a)}\}$ 是一致可积下鞅. 由下鞅的停时定理, 对任意 $\sigma \in \mathbb{S}_T$,

$$0 \leqslant Z_\sigma^{(a)} \leqslant \mathbb{E}\left(Z_T^{(a)}|\mathcal{F}_\sigma\right),$$

所以 $\{Z_\sigma^{(a)} : \sigma \in \mathbb{S}_T\}$ 一致可积.

然后, 固定 $a \in (0,1)$, 证明 $\{\mathcal{E}(aX)_\sigma\}$ 的一致可积性. 注意到

$$\sup_{\sigma \in \mathbb{S}_T} \mathbb{E}\left(\mathcal{E}(aX)_\sigma 1_{\mathcal{E}(aX)_\sigma > c}\right)$$

$$\leqslant \sup_{\sigma \in \mathbb{S}_T} \left(\mathbb{E}\mathcal{E}(X)_\sigma\right)^{a^2}\left(\mathbb{E}\left(Z_\sigma^{(a)}1_{\mathcal{E}(aX)_\sigma > c}\right)\right)^{1-a^2}$$

$$\leqslant \sup_{\sigma \in \mathbb{S}_T} \left(\mathbb{E}\left(Z_\sigma^{(a)}1_{\mathcal{E}(aX)_\sigma > c}\right)\right)^{1-a^2} \equiv F(c)^{1-a^2}.$$

并且对任意 $c' > 0$, 有

$$F(c) \leqslant \sup_{\sigma \in \mathbb{S}_T} \mathbb{E}\left(Z_\sigma^{(a)}1_{Z_\sigma^{(a)} > c'}\right) + \sup_{\sigma \in \mathbb{S}_T} c'\mathbb{P}(\mathcal{E}(aX)_\sigma > c)$$

$$\leqslant \sup_{\sigma \in \mathbb{S}_T} \mathbb{E}\left(Z_\sigma^{(a)}1_{Z_\sigma^{(a)} > c'}\right) + \frac{c'}{c}.$$

所以

$$\limsup_{c \to \infty} F(c) \leqslant \sup_{\sigma \in \mathbb{S}_T} \mathbb{E}\left(Z_\sigma^{(a)}1_{Z_\sigma^{(a)} > c'}\right).$$

令 $c' \to \infty$, 可知 $\limsup_{c \to \infty} F(c) = 0$. 所以

$$\lim_{c \to \infty} \sup_{\sigma \in \mathbb{S}_T} \mathbb{E}\left(\mathcal{E}(aX)_\sigma 1_{\mathcal{E}(aX)_\sigma > c}\right) = 0.$$

也就是说 $\{\mathcal{E}(aX)_\sigma : \sigma \in \mathbb{S}_T\}$ 一致可积. 令 $\sigma_n \uparrow \infty$ 为使得 $\{\mathcal{E}(aX)_{t \wedge \sigma_n}, t \geqslant 0\}$ 为鞅的停时列. 则

$$1 = \mathbb{E}\mathcal{E}(aX)_{\sigma \wedge \sigma_n}.$$

因此, 令 $n \to \infty$, 我们有

$$1 = \mathbb{E}(\mathcal{E}(aX)_\sigma) \leqslant (\mathbb{E}(\mathcal{E}(X)_\sigma))^{a^2} \left(\mathbb{E}(Z_T^{(a)})\right)^{1-a^2}. \tag{2.5.2}$$

注意到

$$Z_T^{(a)} \leqslant 1_{X_T \leqslant 0} + \exp\left(\frac{1}{2} X_T\right)$$

当 $a \in (0,1)$ 时一致可积. 所以, 令 $a \uparrow 1$,

$$\mathbb{E} Z_T^{(a)} \to \mathbb{E} \exp\left(\frac{1}{2} X_T\right) \in (0, \infty),$$

于是

$$\left(\mathbb{E} Z_T^{(a)}\right)^{1-a^2} \to 1.$$

所以, 由 (2.5.2) 得

$$\mathbb{E} \mathcal{E}(X)_\sigma \geqslant 1.$$

结合 (2.5.1) 可知 $\mathbb{E} \mathcal{E}(X)_\sigma = 1$ 对任意有界停时 σ 均成立.

令 $s \leqslant t$ 和 $B \in \mathcal{F}_s$. 定义

$$\sigma = \begin{cases} t, & \omega \notin B, \\ s, & \omega \in B. \end{cases}$$

显然, $\sigma \in \mathbb{S}_t$. 所以

$$\begin{aligned} 0 &= \mathbb{E} \mathcal{E}(X)_\sigma - 1 \\ &= \mathbb{E}\left(\mathcal{E}(X)_t 1_{B^c} + \mathcal{E}(X)_s 1_B\right) - 1 \\ &= \mathbb{E}\left(\mathcal{E}(X)_s 1_B\right) - \mathbb{E}\left(\mathcal{E}(X)_t 1_B\right). \end{aligned}$$

由此可知

$$\mathbb{E}\left(\mathcal{E}(X)_t | \mathcal{F}_s\right) = \mathcal{E}(X)_s,$$

于是证明了 $\mathcal{E}(X)_t$ 是鞅. ∎

以下定理给出 $\mathcal{E}(X)_t$ 是鞅的另外一个比 Kazamaki 条件更好用的 Novikov 条件.

定理 2.5.4 (Novikov)　若随机过程 $X \in \mathcal{M}_{\mathrm{loc}}^{2,c}$ 满足以下 Novikov 条件:

$$\mathbb{E} \exp\left(\frac{1}{2} \langle X \rangle_t\right) < \infty, \quad \forall\, t \geqslant 0, \tag{2.5.3}$$

则 $\{\mathcal{E}(X)_t\}_{t \geqslant 0}$ 是连续鞅.

证明 注意

$$\exp\left(\frac{1}{2}X_t\right) = (\mathcal{E}(X)_t)^{\frac{1}{2}}\exp\left(\frac{1}{4}\langle X\rangle_t\right).$$

由 Cauchy-Schwarz 不等式得

$$\mathbb{E}\exp\left(\frac{1}{2}X_t\right) \leqslant (\mathbb{E}\mathcal{E}(X)_t)^{\frac{1}{2}}\left(\mathbb{E}\exp\left(\frac{1}{2}\langle X\rangle_t\right)\right)^{\frac{1}{2}}$$

$$\leqslant \left(\mathbb{E}\sup\left(\frac{1}{2}\langle X\rangle_T\right)\right)^{\frac{1}{2}} < \infty$$

对所有 $t \leqslant T$ 成立. 从而由 Kazamaki 定理可得结论. ∎

在本节最后, 假设如上定义的 $\mathcal{E}(X)_t$ 是鞅且 $\mathcal{E}(X)_0 = 1$. 定义 $(\Omega, \mathcal{F}_t)$ 上的概率测度 $\hat{\mathbb{P}}_t$:

$$\hat{\mathbb{P}}_t(A) = \mathbb{E}(\mathcal{E}(X)_t 1_A), \qquad \forall\, A \in \mathcal{F}_t.$$

则 $\forall\, t > s,\ \hat{\mathbb{P}}_t|_{\mathcal{F}_s} = \hat{\mathbb{P}}_s$. 事实上, $\forall\, A \in \mathcal{F}_s$,

$$\hat{\mathbb{P}}_t(A) = \mathbb{E}(\mathbb{E}(\mathcal{E}(X)_t 1_A|\mathcal{F}_s)) = \mathbb{E}(\mathcal{E}(X)_s 1_A) = \hat{\mathbb{P}}_s(A).$$

设

$$\mathcal{F} = \sigma\left(\bigcup_{t\geqslant 0}\mathcal{F}_t\right).$$

则存在 $(\Omega, \mathcal{F})$ 上唯一的概率测度 $\hat{\mathbb{P}}$ 使得 $\hat{\mathbb{P}}|_{\mathcal{F}_t} = \hat{\mathbb{P}}_t$. 记 $\hat{\mathbb{P}}$ 为 $\mathcal{E}(X) \cdot \mathbb{P}$.

以下定理给出了在测度变换下的随机变量的条件期望公式. 记号 $\mathbb{P} \ll Q$ 表示 $\mathbb{P}$ 关于 Q 绝对连续, $\dfrac{d\mathbb{P}}{dQ}$ 记 $\mathbb{P}$ 关于 Q 的 Radon-Nikodym 导数.

定理 2.5.5 (Bayes 公式) 设 ξ 为 $(\Omega, \mathcal{F}, \mathbb{P})$ 上的可积随机变量且 $\mathcal{G}$ 为 $\mathcal{F}$ 的子 σ-代数. 令 $Q \gg \mathbb{P}$ 是概率测度. 记 $M = \dfrac{d\mathbb{P}}{dQ}$. 则

$$\mathbb{E}(\xi|\mathcal{G}) = \frac{\mathbb{E}^Q(\xi M|\mathcal{G})}{\mathbb{E}^Q(M|\mathcal{G})}, \tag{2.5.4}$$

其中 $\mathbb{E}^Q(\cdot|\mathcal{G})$ 是关于概率测度 Q 的条件期望.

证明 对任意 $A \in \mathcal{G}$,

$$\int_A \frac{\mathbb{E}^Q(\xi M|\mathcal{G})}{\mathbb{E}^Q(M|\mathcal{G})}d\mathbb{P} = \mathbb{E}^Q\left(1_A\frac{\mathbb{E}^Q(\xi M|\mathcal{G})}{\mathbb{E}^Q(M|\mathcal{G})}M\right)$$

$$= \mathbb{E}^Q \left(1_A \frac{\mathbb{E}^Q(\xi M|\mathcal{G})}{\mathbb{E}^Q(M|\mathcal{G})} \mathbb{E}^Q(M|\mathcal{G}) \right)$$

$$= \mathbb{E}^Q(1_A \xi M) = \int_A \xi M dQ$$

$$= \int_A \xi d\mathbb{P}.$$

等式 (2.5.4) 得证.   ∎

最后, 我们证明本节的主要定理. 记 $\hat{\mathbb{P}}$-局部平方可积连续鞅的全体为 $\hat{\mathcal{M}}_{\mathrm{loc}}^{2,c}$.

定理 2.5.6 (Girsanov 变换)   (i) 设 $Y \in \mathcal{M}_{\mathrm{loc}}^{2,c}$. 令

$$\tilde{Y}_t = Y_t - \langle X, Y \rangle_t. \tag{2.5.5}$$

则 $\tilde{Y}$ 是一个 $\hat{\mathbb{P}}$-局部平方可积连续鞅.

(ii) 对 Y^1, $Y^2 \in \mathcal{M}_{\mathrm{loc}}^{2,c}$, 令 $\tilde{Y}^1$, $\tilde{Y}^2$ 由 (2.5.5) 定义. 则其 Meyer 过程满足如下等式:

$$\left\langle \tilde{Y}^1, \tilde{Y}^2 \right\rangle = \left\langle Y^1, Y^2 \right\rangle \quad \text{a.s..}$$

证明   (i) 首先设 $\tilde{Y}_t$ 和 $\mathcal{E}(X)_t$ 有界. 则由 Itô 公式,

$$d(\mathcal{E}(X)_t \tilde{Y}_t) = \tilde{Y}_t d\mathcal{E}(X)_t + \mathcal{E}(X)_t d\tilde{Y}_t + d\langle \mathcal{E}(X), Y \rangle_t$$
$$= \tilde{Y}_t d\mathcal{E}(X)_t + \mathcal{E}(X)_t dY_t.$$

因此, $\mathcal{E}(X)_t \tilde{Y}_t$ 是鞅. 由 Bayes 公式,

$$\hat{\mathbb{E}}(\tilde{Y}_t|\mathcal{F}_s) = \mathbb{E}(\mathcal{E}(X)_t \tilde{Y}_t|\mathcal{F}_s)\mathcal{E}(X)_s^{-1} = \tilde{Y}_s,$$

其中 $\hat{\mathbb{E}}(Y|\mathcal{G})$ 表示在 $\mathcal{G}$ 条件下, Y 在概率测度 $\hat{\mathbb{P}}$ 下的条件期望.

一般地, 取一递增停时列 σ_n 使得 $\forall\, n$, $\tilde{Y}_{t \wedge \sigma_n}$ 和 $\mathcal{E}(X)_{t \wedge \sigma_n}$ 均有界. 因此, $\tilde{Y}_{\sigma_n \wedge \cdot} \in \hat{\mathcal{M}}_{\mathrm{loc}}^{2,c}$, 且 $\tilde{Y}$ 也同样是局部平方可积鞅.

因 Meyer 过程等于二次变差过程, 所以 (ii) 的证明是显然的.   ∎

推论 2.5.7   设

$$X_t = \int_0^t \Psi_s^* dB_s,$$

其中 B_t 为 d-维布朗运动, Ψ 是平方可积 $\mathbb{R}^d$-值可料过程且 X 满足 Novikov 条件. 则 $\hat{\mathbb{P}}$ 是概率测度且

$$\tilde{B}_t = B_t - \int_0^t \Psi_s ds$$

是 $(\Omega, \mathcal{F}, \hat{\mathbb{P}}, \mathcal{F}_t)$ 上的 d-维布朗运动.

证明 注意

$$\left\langle B^i, X \right\rangle_t = \Psi_t^i.$$

因此, $\tilde{B}^i \in \hat{\mathcal{M}}_{\mathrm{loc}}^{2,c}$. 因为

$$\left\langle \tilde{B}^i, \tilde{B}^j \right\rangle_t = \left\langle B^i, B^j \right\rangle = \delta_{ij} t,$$

$\tilde{B}_t$ 是 $\hat{\mathbb{P}}$ 下的 d-维布朗运动. ■

2.6 练 习 题

1. 由 Itô 积分的定义证明

$$\int_0^t B_s^2 dB_s = \frac{1}{3} B_t^3 - \int_0^t B_s ds.$$

2. 由 Itô 积分的定义证明

$$\int_0^t s dB_s = t B_t - \int_0^t B_s ds.$$

3. 由 Itô 公式证明

$$\int_0^t B_s^2 dB_s = \frac{1}{3} B_t^3 - \int_0^t B_s ds.$$

4. 令 X_t 和 Y_t 为 $\mathbb{R}$ 上的 Itô 过程, 证明

$$d(X_t Y_t) = X_t dY_t + Y_t dX_t + d\langle X, Y \rangle_t.$$

5. 设 $X \in \mathcal{M}_{\mathrm{loc}}^c$. 证明

$$\int_0^t 2 X_s dX_s = X_t^2 - X_0^2 - \langle X \rangle_t.$$

6. 设 X_t, Y_t 为连续半鞅, 证明: $X_t + Y_t$ 为连续半鞅.

7. 设 X_t, Y_t 为连续半鞅, 证明: $\forall\, t \geqslant 0$,

$$\langle X + Y \rangle_t^{\frac{1}{2}} \leqslant \langle X \rangle_t^{\frac{1}{2}} + \langle Y \rangle_t^{\frac{1}{2}}.$$

8. 设 $M \in \mathcal{M}_{\mathrm{loc}}^c$, $M_0 = 0$ 和 $\langle M \rangle_\infty \leqslant 1$. 对任意 $r \geqslant 0$, 证明

$$\mathbb{P}\left(\sup_t M_t \geqslant r \right) \leqslant e^{-\frac{r^2}{2}}.$$

9. 设 $M \in \mathcal{M}_{\mathrm{loc}}^c$, $M_0 = 0$ 和 $\langle M \rangle_\infty \leqslant 1$. 对任意 $r \geqslant 0$, 证明 M_t 在集合 $\{\sup_t M_t < \infty\}$ 上几乎处处收敛.

10. 设 $M \in \mathcal{M}_{\mathrm{loc}}$, ξ 为 $\mathcal{F}_0$-可测随机变量. 证明 $N_t \equiv \xi M_t$ 为局部鞅.

11. 设 $M^n \in \mathcal{M}_{\mathrm{loc}}^c$, $M_0^n = 0$, $\tau_n \in \mathbb{S}$. 证明 $\sup_{t \leqslant \tau_n} |M_t^n| \xrightarrow{\mathbb{P}} 0$ 的充要条件为 $\langle M^n \rangle_{\tau_n} \xrightarrow{\mathbb{P}} 0$.

12. 设 B_t 是布朗运动, $\tau \in \mathbb{S}$.
(1) 当 $\mathbb{E}\tau^{\frac{1}{2}} < \infty$, 证明 $\mathbb{E}B_\tau = 0$.
(2) 当 $\mathbb{E}\tau < \infty$, 证明 $\mathbb{E}B_\tau^2 = \mathbb{E}\tau$.

13. 令 B_t 是一维布朗运动, $\sigma \in \mathbb{R}$ 为常数, 证明

$$M_t = \exp\left(\sigma B_t - \frac{1}{2}\sigma^2 t\right)$$

是 $\mathcal{F}_t$-鞅.

14. 令 $dX_t = u(t,\omega)dt + v(t,\omega)dB_t$ 是 $\mathbb{R}$ 上的 Itô 过程且满足

$$\mathbb{E}\int_0^t |u(t,\omega)|dr + \mathbb{E}\int_0^t v^2(t,\omega)dr < \infty,$$

设 X_t 是 $\{\mathcal{F}_t\}$-鞅, 证明

$$u(s,\omega) = 0 \text{ a.e.}, s \in \mathbb{R}_+, \text{ a.s.}.$$

15. 设 B_t 是布朗运动. 用 Itô 公式证明下列 $\mathbb{R}$ 上的过程是鞅:
(1) $X_t = e^{\frac{1}{2}t}\cos B_t$.
(2) $X_t = e^{\frac{1}{2}t}\sin B_t$.
(3) $X_t = (B_t + t)\exp\left(-B_t - \frac{1}{2}t\right)$.

16. 设 $dX_t = u(t,\omega)dt + dB_t$ 是 Itô 过程, u 有界. 由上题可知 $u = 0$ 才能使 X_t 是鞅. 事实上可以乘以指数鞅使其为鞅. 具体地, 令

$$M_t = \exp\left(-\int_0^t u(r,\omega)dB_r - \frac{1}{2}\int_0^t u^2(r,\omega)dr\right).$$

证明 $Y_t \equiv X_t M_t$ 为鞅.

17. 令 $\alpha_t = \frac{1}{2}\ln\left(1 + \frac{2}{3}t^3\right)$. 设 B_t 是布朗运动. 证明存在另一布朗运动 $\tilde{B}_r$ 满足

$$\int_0^{\alpha_t} e^s dB_s = \int_0^t r d\tilde{B}_r.$$

18. 令 b 是 Lipschitz 连续函数, 定义 $\mathbb{R}$ 上的过程 $X_t = X_t^x$ 如下:

$$dX_t = b(X_t)dt + dB_t, \quad X_0 = x \in \mathbb{R}.$$

(1) 用 Girsanov 定理证明: 对所有的 $M < \infty$, $x \in \mathbb{R}$, $t > 0$, 我们有

$$\mathbb{P}(X_t > M) > 0.$$

(2) 令 $b(x) = -r$, 其中 $r > 0$ 为常数, 证明: 对所有的 x, 当 $t \to \infty$ 时,

$$X_t^x \to -\infty \ \text{a.s..}$$

第 3 章　随机微分方程

本章介绍随机微分方程 (SDE), 包括强解、弱解的存在唯一性、解对系数的连续依赖性等. 这部分内容不仅是随机微分方程关心的重点, 也是下一章要介绍的倒向随机微分方程、正倒向随机微分方程的基本问题.

设 X_t 为取值于 $\mathbb{R}^d$ 的用来描述粒子运动的连续过程. 在没有噪声的情况下, 它可由如下常微分方程刻画:

$$\frac{dX_t}{dt} = b(X_t),$$

其中 $b : \mathbb{R}^d \to \mathbb{R}^d$ 是连续映射. 在现实世界中, 粒子的运动经常受到白噪声的干扰. 也就是说, X_t 由以下随机微分方程表述:

$$\frac{dX_t}{dt} = b(X_t) + \sigma(X_t)n_t,$$

其中 n_t 是 m-维白噪声 (独立同分布的均值为 0 的正态分布随机变量) 且 $\sigma : \mathbb{R}^d \to \mathbb{R}^{d \times m}$ 是连续映射. 众所周知, 白噪声仅在广义函数的意义下存在, 但其积分

$$B_t = \int_0^t n_s ds$$

在通常意义下存在且为 m-维布朗运动. 于是 X_t 由以下 SDE 表示:

$$dX_t = b(X_t)dt + \sigma(X_t)dB_t. \tag{3.0.1}$$

上式也可写为积分形式

$$X_t = X_0 + \int_0^t b(X_s)ds + \int_0^t \sigma(X_s)dB_s.$$

本章将介绍 SDE (3.0.1) 解的存在唯一性.

3.1　基 本 定 义

本节介绍 (3.0.1) 在不同意义下的解. 包括强解、弱解、鞅问题的解, 以及分布意义下的唯一性、轨道唯一性, 以及鞅问题的适定性.

若 X_t 是一个连续的 $\mathbb{R}^d$-值过程, 则它可以视为一个从 $(\Omega, \mathcal{F})$ 到 $(\mathbb{C}^d, \mathcal{B}(\mathbb{C}^d))$ 的可测映射, 其中 $\mathbb{C}^d = C(\mathbb{R}_+, \mathbb{R}^d)$ 是从 $\mathbb{R}_+$ 到 $\mathbb{R}^d$ 的连续映射全体, 而 $\mathcal{B}(\mathbb{C}^d)$ 记为 $\mathbb{C}^d$ 上的全体 Borel 集合. 在此观点下, X 在 $\mathbb{C}^d$ 上诱导出一个概率测度, 记为 $\mathcal{L}(X)$ 或 $P \circ X^{-1}$.

定义 3.1.1 (i) 如果存在随机过程 X_t 和 m-维布朗运动 B_t 使得 (3.0.1) 成立且 $\mathcal{L}(X) = \mu$, 则称 $\mathbb{C}^d$ 上的概率测度 μ 是 (3.0.1) 的弱解. 过程 X_t 也称为 (3.0.1) 的一个弱解.

(ii) 如果 X 和 X' 是 (3.0.1) 的两个弱解, 且由 $\mathcal{L}(X_0) = \mathcal{L}(X'_0)$ 可推出 $\mathcal{L}(X) = \mathcal{L}(X')$, 则称 (3.0.1) 具有唯一弱解. 也称方程 (3.0.1) 具有弱解唯一性.

注释 3.1.1 方程的两个弱解可以定义在不同的随机基上, 因此它们对应的布朗运动也可以是不同的.

有时需要在轨道意义下的唯一性.

定义 3.1.2 若 X 和 X' 是定义在同一随机基上, 且由相同布朗运动 B 驱动的两解, 由 $X_0 = X'_0$ 可得到 $X_t = X'_t$, $\forall\, t \geqslant 0$ a.s., 则称 (3.0.1) 的解具有轨道唯一性.

有时需要在给定的随机基上用给定的布朗运动构造方程的解.

定义 3.1.3 (i) 设 $F : \mathbb{R}^d \times \mathbb{C}^m \to \mathbb{C}^d$ 为可测映射. 如果对所有的 $\mathbb{R}^d$-值随机变量 X_0 和 m-维布朗运动 B, 随机过程 $X = F(X_0, B)$ 满足 (3.0.1), 则称 F 为 (3.0.1) 的强解.

(ii) 若对任何由初值 X_0 和布朗运动 B 驱动的解 X', 有 $X' = F(X_0, B)$, 则称 (3.0.1) 具有强解唯一性.

例 3.1.2 (开问题) SDE

$$dX_t^i = \frac{1}{3} X_t^{3-i} dt + \sqrt{X_t^1 X_t^2}\, dB_t^i, \quad i = 1, 2$$

具有弱唯一性但不能确定是否具有强解唯一性.

为建立弱解和强解之间的关系, 包括其不同意义下解的唯一性之间的关系, 我们来说明如何将 (3.0.1) 的两个解复制放到同一概率空间, 即使它们本身并不属于同一空间.

设 X' 和 X'' 分别是 SDE (3.0.1) 在 $(\Omega', \mathcal{F}', \mathbb{P}', (\mathcal{F}'_t))$ 及 $(\Omega'', \mathcal{F}'', \mathbb{P}'', (\mathcal{F}''_t))$ 上, 初值分别为 X'_0 和 X''_0 (在 $\mathbb{R}^d$ 上具有相同分布 λ_0), 布朗运动分别为 B' 和 B'' 的两个解. 令 λ' 和 λ'' 分别是 (X', B', X'_0) 和 (X'', B'', X''_0) 在乘积空间 $\mathbb{C}^d \times \mathbb{C}^m \times \mathbb{R}^d$ 上诱导出的 Borel 概率测度. 定义映射

$$\pi : \mathbb{C}^d \times \mathbb{C}^m \times \mathbb{R}^d \to \mathbb{C}^m \times \mathbb{R}^d, \quad \pi(w_1, w_2, x) = (w_2, x).$$

则

$$\lambda' \circ \pi^{-1} = \lambda'' \circ \pi^{-1} = \mathbb{P}_B \otimes \lambda_0,$$

其中 $\mathbb{P}_B$ 是 $\mathbb{C}^m$ 上由布朗运动诱导出的概率测度, $\mathbb{P}_B \otimes \lambda_0$ 是 $\mathbb{C}^m \times \mathbb{R}^d$ 上 $\mathbb{P}_B$ 与 λ_0 的乘积测度.

令 $\lambda'^{w_2,x}(dw_1)$ 和 $\lambda''^{w_2,x}(dw_1)$ 为给定 (w_2, x) 下, w_1 分别关于 λ' 和 λ'' 的条件概率测度. 在空间

$$\Omega = \mathbb{C}^d \times \mathbb{C}^d \times \mathbb{C}^m \times \mathbb{R}^d$$

上定义 Borel 概率测度 λ: $\forall A \in \mathcal{B}(\Omega)$,

$$\lambda(A) = \int \int \left(\int \int 1_A(w_1, w_2, w_3, x) \lambda'^{w_3,x}(dw_1) \lambda''^{w_3,x}(dw_2) \right) \mathbb{P}_B(dw_3) \lambda_0(dx).$$

(3.1.1)

易证 (w_1, w_3, x) 和 (X', B', X_0') 有相同的分布, 且 (w_2, w_3, x) 和 (X'', B'', X_0'') 也如此.

以下引理表明如果乘积概率测度 $\mathbb{P}_1 \otimes \mathbb{P}_2$ 由乘积空间上的对角线支撑, 则边际概率测度需一致且退化. 换言之, 若两个独立随机变量相等, 则必为常数.

引理 3.1.3 令 $\mathbb{P}_1$ 和 $\mathbb{P}_2$ 为 Polish 空间 X 上的两个概率测度. 若

$$(\mathbb{P}_1 \otimes \mathbb{P}_2)\{(x_1, x_2) : x_1 = x_2\} = 1,$$

则存在唯一的 $x \in X$ 使得 $\mathbb{P}_1 = \mathbb{P}_2 = \delta_{\{x\}}$.

证明 因

$$1 = \int \mathbb{P}_1(dx) \int 1_{x=y} \mathbb{P}_2(dy) = \int \mathbb{P}_2(\{x\}) \mathbb{P}_1(dx) \leqslant 1, \tag{3.1.2}$$

且 $\mathbb{P}_2(\{x\}) \leqslant 1$, 故对 $\mathbb{P}_1$-a.s. x 有 $\mathbb{P}_2(\{x\}) = 1$. 很显然只有一个这样的 x 存在 (否则 $\mathbb{P}_2$ 不是概率测度). 因此 $\mathbb{P}_1$ 也是完全集中在这个点上, 即 $\mathbb{P}_1 = \mathbb{P}_2 = \delta_{\{x\}}$. ■

经过这些准备, 可以陈述和证明本节的主要定理, 它建立了轨道唯一性与强解的存在性之间的关系.

定理 3.1.4 方程 (3.0.1) 有唯一的强解当且仅当对每个 $\mathbb{R}^d$ 上的 Borel 概率测度 μ_0, (3.0.1) 的弱解 μ 存在, $\mu \circ X_0^{-1} = \mu_0$, 且具有轨道唯一性. 在此情况下, 弱解也唯一.

证明 若 (3.0.1) 有唯一强解, 易证 (3.0.1) 有弱解且轨道唯一. 现在证明逆命题. 令 X' 和 X'' 是 SDE (3.0.1) 的两个弱解 (我们总可以在一个独立的随机基上复制一个弱解). 由以上论述可知 (w_1, w_3, x) 和 (w_2, w_3, x) 是相同随机

基 $(\Omega, \mathcal{F}_\infty, \lambda, \mathcal{F}_t)$ 上 (3.0.1) 的两个解. 由轨道唯一性, $\lambda(w_2 = w_1) = 1$. 由 (3.1.1), 得

$$\lambda(w_2 = w_1) = \int \int \lambda'^{w,x} \otimes \lambda''^{w,x}(w_2 = w_1) \mathbb{P}_B(dw) \lambda_0(dx).$$

因此, 对 $\mathbb{P}_B \otimes \lambda_0$-a.s. (w, x), 有

$$\lambda'^{w,x} \otimes \lambda''^{w,x}(w_1 = w_2) = 1. \tag{3.1.3}$$

由引理 3.1.3 和 (3.1.3), 存在映射

$$F : \mathbb{C}^m \times \mathbb{R}^d \to \mathbb{C}^d,$$

使得

$$\lambda'^{w,x} = \lambda''^{w,x} = \delta_{F(w,x)}. \tag{3.1.4}$$

则对任意布朗运动 B 和初始随机变量 X_0, $F(B, X_0)$ 是方程 (3.0.1) 的解. 强解的唯一性可由 (3.0.1) 的轨道唯一性直接得出. ∎

3.2 解的存在唯一性

本节建立 (3.0.1) 的唯一强解. 存在性由 Picard 逼近建立, 唯一性由下面的 Gronwall 不等式证明.

引理 3.2.1 (Gronwall 不等式) 若 g 为 $\mathbb{R}_+$ 上在任何有限区间上可积的非负函数, 且满足

$$g(t) \leqslant K_1 + K_2 \int_0^t g(s) ds, \quad \forall t \geqslant 0,$$

其中 K_1, K_2 为两个常数, 则

$$g(t) \leqslant K_1 e^{K_2 t}, \quad \forall t \geqslant 0.$$

证明 令

$$G(t) = \int_0^t g(s) ds.$$

则

$$G'(t) \leqslant K_1 + K_2 G(t).$$

于是

$$\left(e^{-K_2 t} G(t)\right)' \leqslant K_1 e^{-K_2 t}.$$

所以

$$e^{-K_2 t} G(t) \leqslant \int_0^t K_1 e^{-K_2 s} ds = \frac{K_1}{K_2} \left(1 - e^{-K_2 t} \right).$$

即

$$G(t) \leqslant \frac{K_1}{K_2} \left(e^{K_2 t} - 1 \right).$$

因此,

$$g(t) \leqslant K_1 + K_1 \left(e^{K_2 t} - 1 \right) = K_1 e^{K_2 t}. \qquad \blacksquare$$

设系数 b 和 σ 满足如下 Lipschitz 条件: 存在常数 K 使得

$$|b(x) - b(y)| + |\sigma(x) - \sigma(y)| \leqslant K|x - y|, \quad \forall x, y \in \mathbb{R}^d. \tag{3.2.1}$$

定理 3.2.2 在条件 (3.2.1) 下, 方程 (3.0.1) 有唯一强解.

证明 仅需证明在 $t \leqslant T$ 时定理成立. 首先通过 Picard 迭代构造解. 令 $X_t^0 \equiv X_0$,

$$X_t^{n+1} = X_0 + \int_0^t b(X_s^n) ds + \int_0^t \sigma(X_s^n) dB_s, \quad n \geqslant 1.$$

我们可以假设 $\mathbb{E}(|X_0|^2) < \infty$; 否则的话, 只需在由

$$\frac{d\tilde{\mathbb{P}}}{d\mathbb{P}} = e^{-|X_0|} / \mathbb{E} \left(e^{-|X_0|} \right)$$

定义的等价概率测度 $\tilde{\mathbb{P}}$ 下构造 (3.0.1) 的解. 由 Cauchy-Schwarz 和 Burkholder-Davis-Gundy 不等式得

$$\begin{aligned}
g_{n+1}(t) &\equiv \mathbb{E} \left(\sup_{s \leqslant t} |X_s^{n+1}|^2 \right) \\
&\leqslant 3\mathbb{E}(|X_0|^2) + 3T\mathbb{E} \int_0^t \left(|b(0)| + K|X_s^n| \right)^2 ds \\
&\quad + 12\mathbb{E} \int_0^t \left(|\sigma(0)| + K|X_s^n| \right)^2 ds \\
&\leqslant K_1 + K_2 \int_0^t g_n(s) ds,
\end{aligned}$$

其中 K_1, K_2 是两个常数且 $g_0(t) \leqslant K_1$. 递推得

$$\mathbb{E} \left(\sup_{s \leqslant t} |X_s^n|^2 \right) \leqslant K_1 e^{K_2 t}.$$

注意到

$$X_t^{n+1} - X_t^n = \int_0^t (b(X_s^n) - b(X_s^{n-1}))ds + \int_0^t (\sigma(X_s^n) - \sigma(X_s^{n-1}))dB_s.$$

再次运用 Burkholder-Davis-Gundy 不等式, 得

$$
\begin{aligned}
f_{n+1}(t) &\equiv \mathbb{E}\left(\sup_{s \leqslant t} |X_s^{n+1} - X_s^n|^2\right) \\
&\leqslant 2\mathbb{E}\left(\int_0^t |b(X_s^n) - b(X_s^{n-1})|ds\right)^2 \\
&\quad + 2\mathbb{E}\left(\sup_{r \leqslant t} \left|\int_0^r (\sigma(X_s^n) - \sigma(X_s^{n-1}))dB_s\right|^2\right) \\
&\leqslant 2TK^2 \int_0^t \mathbb{E}\left(|X_s^n - X_s^{n-1}|^2\right)ds + 8\mathbb{E}\int_0^t |\sigma(X_s^n) - \sigma(X_s^{n-1})|^2 ds \\
&\leqslant (2T+8)K^2 \int_0^t f_n(s)ds.
\end{aligned}
\tag{3.2.2}
$$

令 $K_3 = (2T+8)K^2$. 递推得

$$f_{n+1}(t) \leqslant K_3^n \int_0^t \frac{(t-s)^{n-1}}{(n-1)!} f_1(s)ds \leqslant K_4 \frac{(K_3 T)^n}{n!}. \tag{3.2.3}$$

因 $\sqrt{f_n(T)}$ 为求和有限序列, 所以存在连续随机过程 X_t 使得

$$\mathbb{E}\sup_{t \leqslant T} |X_t^n - X_t|^2 \to 0.$$

于是易证 X_t 是 (3.0.1) 的解.

为证明唯一性, 令 X 和 Y 是 (3.0.1) 的两个解且初值相等, 并由同样的布朗运动驱动. 类似于 (3.2.2), 有

$$g(t) \equiv \mathbb{E}\left(\sup_{s \leqslant t} |X_s - Y_s|^2\right) \leqslant K_5 \int_0^t g(s)ds.$$

由 Gronwall 不等式, 得 $g(t) \equiv 0$. 于是证明了轨道的唯一性. 根据定理 3.1.4 得 (3.0.1) 有唯一强解. ∎

本节最后我们证明解对方程系数的连续依赖性.

定理 3.2.3　设 $\mathbb{E}|X_0|^2 < \infty$, $\{(b^n, \sigma^n)\}$ 为定义在 $\mathbb{R}^d$ 上取值于 $\mathbb{R}^d \times \mathbb{R}^{d\times m}$ 的一列映射. 对任意 n, (b^n, σ^n) 满足条件 (3.2.1). 且当 $n \to \infty$,

$$\epsilon_n \equiv \sup_{x\in\mathbb{R}^d} \left(|b^n(x) - b(x)|^2 + |\sigma^n(x) - \sigma(x)|^2\right) \to 0.$$

令 X^n 是 (3.0.1) 当 (b, σ) 换为 (b^n, σ^n) 时的解. 则对任意 $T > 0$, 当 $n \to \infty$ 时,

$$\mathbb{E}\sup_{t\leqslant T} |X_t^n - X_t|^2 \to 0.$$

证明　因

$$X_t^n - X_t = \int_0^t (b^n(X_s^n) - b(X_s))\, ds + \int_0^t (\sigma^n(X_s^n) - \sigma(X_s))\, dB_s,$$

由 Cauchy-Schwarz 和 Burkholder-Davis-Gundy 不等式得, 当 $t \leqslant T$,

$$\begin{aligned}
\mathbb{E}\sup_{s\leqslant t} |X_s^n - X_s|^2 &\leqslant 2T\mathbb{E}\int_0^t |b^n(X_s^n) - b(X_s)|^2 ds \\
&\quad + 8\mathbb{E}\int_0^t |\sigma^n(X_s^n) - \sigma(X_s)|^2 ds \\
&\leqslant 4T\mathbb{E}\int_0^t \left(|b(X_s^n) - b(X_s)|^2 + \epsilon_n\right) ds \\
&\quad + 16\mathbb{E}\int_0^t \left(|\sigma(X_s^n) - \sigma(X_s)|^2 + \epsilon_n\right) ds \\
&\leqslant 4(T+4)\epsilon_n + 4(T+4)K\mathbb{E}\int_0^t |X_s^n - X_s|^2 ds.
\end{aligned}$$

由 Gronwall 不等式, 我们有

$$\mathbb{E}\sup_{s\leqslant t} |X_s^n - X_s|^2 \leqslant 4(T+4)\epsilon_n e^{4(T+4)Kt}.$$

定理得证.　　　　　　　　　　　　　　　　　　　　　　　　　　■

最后给出两个可解方程的例子.

例 3.2.4　解齐次线性 SDE

$$dX_t = X_t(a\,dt + c\,dB_t),$$

其中 a, c 为常数.

解 对 $\ln X_t$ 应用 Itô 公式,

$$d\ln X_t = \frac{1}{X_t} X_t(adt + cdB_t) - \frac{1}{2X_t^2} X_t^2 c^2 dt$$

$$= (a - c^2/2)dt + cdB_t.$$

因此,

$$\ln X_t - \ln X_0 = (a - c^2/2)t + cB_t.$$

整理得

$$X_t = X_0 \exp\left((a - c^2/2)t + cB_t\right).$$ ∎

例 3.2.5 解非齐次线性 SDE

$$dX_t = (aX_t + b)dt + (cX_t + f)dB_t,$$

其中 a, b, c, f 为常数.

解 回忆常微分方程

$$\frac{d}{dt}X_t = aX_t + b.$$

两端乘以 e^{-at}, 得

$$\frac{d}{dt}(e^{-at}X_t) = be^{-at}.$$

X_t 可解.

现在回到 SDE. 令 Y_t 为以下方程的解,

$$dY_t = \alpha_t dt + \beta_t dB_t, \quad Y_0 = 1$$

其中 α_t, β_t 待定.

由 Itô 公式, 得

$$d(X_t Y_t) = X_t(\alpha_t dt + \beta_t dB_t) + Y_t((aX_t + b)dt + (cX_t + f)dB_t)$$

$$+ \beta_t(cX_t + f)dt$$

$$= ((\alpha_t + aY_t + c\beta_t)X_t + bY_t + f\beta_t) dt$$

$$+ ((\beta_t + cY_t)X_t + fY_t) dB_t.$$

选 α, β 使得

$$\beta_t + cY_t = 0 \quad \text{和} \quad \alpha_t + aY_t + c\beta_t = 0.$$

则

$$\beta_t = -cY_t$$

和

$$\alpha_t = -aY_t + c^2Y_t = (c^2 - a)Y_t.$$

因此有

$$d(X_tY_t) = (b - cf)Y_tdt + fY_tdB_t$$

和

$$dY_t = Y_t((c^2 - a)dt - cdB_t).$$

由例 3.2.4 可解 Y_t, 得

$$Y_t = \exp\left((c^2/2 - a)t - cB_t\right).$$

于是

$$X_tY_t = X_0 + (b - cf)\int_0^t Y_sds + f\int_0^t Y_sdB_s.$$

最后, 得

$$X_t = X_0Y_t^{-1} + (b - cf)Y_t^{-1}\int_0^t Y_sds + fY_t^{-1}\int_0^t Y_sdB_s. \qquad \blacksquare$$

3.3　鞅　问　题

令 X_t 是 (3.0.1) 的唯一解. 为记号简单起见, 本节只考虑 $d = m = 1$ 的情况. 对任意 $f \in C_b^2(\mathbb{R})$, 运用 Itô 公式得

$$df(X_t) = Lf(X_t)dt + f'\sigma(X_t)dB_t,$$

其中

$$Lf = \frac{1}{2}\sigma^2 f'' + bf'.$$

因此,

$$\begin{aligned} M_t^f &\equiv f(X_t) - f(X_0) - \int_0^t Lf(X_s)ds \\ &= (f'\sigma)(X_s)dB_s \end{aligned} \qquad (3.3.1)$$

是平方可积鞅.

定义 3.3.1 如果对 $\forall f \in C_b^2(\mathbb{R})$, 有 $M^f \in \mathcal{M}_{\text{loc}}^{2,c}$, 则称 X_t 为 L-鞅问题的解. 如果 L-鞅问题至少存在一个解, 且解在分布意义下唯一, 则称 L-鞅问题为适定的 .

从以上表述可知, SDE (3.0.1) 的解一定是 L-鞅问题的解. 下一定理建立关于鞅问题解与 SDE 弱解的关系.

定理 3.3.1 X_t 是 L-鞅问题的解当且仅当它是 SDE (3.0.1) 的弱解.

证明 令 X_t 是 L-鞅问题的解. 首先证明

$$M_t \equiv X_t - X_0 - \int_0^t b(X_s)ds$$

是局部鞅.

令 $f \in C_b^2(\mathbb{R})$ 满足

$$f(x) = x, \quad |x| \leqslant r.$$

则

$$M_{t \wedge \sigma_r}^f \equiv X_{t \wedge \sigma_r} - X_0 - \int_0^{t \wedge \sigma_r} b(X_s)ds$$

是连续鞅, 其中

$$\sigma_r = \inf\{t: \ |X_t| > r\}.$$

因 $\sigma_r \uparrow \infty$, 且 $M_{t \wedge \sigma_r} = M_{t \wedge \sigma_r}^f$ 是连续平方可积鞅. 于是可知 $M \in \mathcal{M}_{\text{loc}}^{2,c}$.

令 $g \in C_b^2(\mathbb{R})$ 使得

$$g(x) = x^2, \quad |x| \leqslant r.$$

容易证明

$$N_t \equiv X_t^2 - X_0^2 - \int_0^t \left(\sigma^2(X_s) + 2X_s b(X_s)\right) ds \tag{3.3.2}$$

是局部鞅. 注意到

$$dX_t = b(X_t)dt + dM_t.$$

由 Itô 公式得

$$d(X_t^2) = 2X_t b(X_t)dt + d\langle M \rangle_t + 2X_t dM_t. \tag{3.3.3}$$

比较 (3.3.2) 和 (3.3.3) 的有限变差部分可得

$$\langle M \rangle_t = \int_0^t \sigma^2(X_s)ds.$$

由鞅表示定理, 存在布朗运动 B_t 使得

$$M_t = \int_0^t \sigma(X_s)dB_s.$$

因此, X_t 是 (3.0.1) 的弱解. ∎

推论 3.3.2 在条件 (3.2.1) 下, L-鞅问题在 $C([0,\infty),\mathbb{R})$ 中是良定义的.

证明 由弱解的唯一性, 可知 L-鞅问题是良定义的. ∎

3.4 练 习 题

1. 解方程

$$dX_t = \mu X_t dt + \sigma X_t dB_t,$$

其中 μ 和 σ 为常数.

2. 解方程

$$dX_t = rdt + \alpha X_t dB_t,$$

其中 r 和 α 为常数.

3. 解方程

$$dX_t = (m - X_t)dt + \sigma dB_t,$$

其中 m 和 σ 为常数.

4. 证明 SDE

$$dX_t = \ln(1 + X_t^2)dt + 1_{\{X_t>0\}}X_t dB_t$$

有唯一强解.

5. 说明在同一概率空间上, 方程

$$dX_t = 3X_t^{\frac{1}{3}}dt + 3X_t^{\frac{2}{3}}dB_t, \quad X_0 = 0$$

有无穷多解.

6. 设 b, σ 满足条件 (3.2.1) 且 $\mathbb{E}|X_0|^2 < \infty$. 令 X_t 是方程 (3.0.1) 的唯一强解. 证明

$$\mathbb{E}|X_t|^2 \leqslant K_1 \exp(K_2 t), \quad t \leqslant T,$$

其中 $K_1 = 3\mathbb{E}|X_0|^2 + 6C^2T(T+1)$, $K_2 = 6(1+T)C^2$.

7. 设 X_t 是方程

$$dX_t = \kappa(\alpha - \ln X_t)X_t dt + \sigma X_t dB_t, \quad X_0 = x$$

的解, 其中 κ, α, σ 以及 x 为正的常数.

(1) 证明:

$$X_t = \exp\left(e^{-\kappa t}\ln x + \left(\alpha - \frac{\sigma^2}{2\kappa}\right)\left(1 - e^{\kappa t}\right) + \sigma e^{\kappa t}\int_0^t e^{\kappa s}dB_s \right).$$

(2) 证明:

$$\mathbb{E}X_t = \exp\left(e^{-\kappa t}\ln x + \left(\alpha - \frac{\sigma^2}{2\kappa}\right)\left(1 - e^{\kappa t}\right) + \frac{\sigma^2\left(1 - e^{-2\kappa t}\right)}{2\kappa} \right).$$

8. (1) 解方程

$$dX_t = \mu X_t dt + \sigma dB_t,$$

其中 μ, σ 为实数.

(2) 计算 $\mathbb{E}X_t$ 和 $\mathrm{Var}X_t$.

9. 验证

$$dX_t = rX_t(K - X_t)dt + \beta X_t dB_t, \quad X_0 = x > 0$$

的唯一强解是

$$X_t = \frac{\exp\left\{\left(rK - \frac{1}{2}\beta^2\right)t + \beta B_t\right\}}{x^{-1} + r\int_0^t \exp\left\{\left(rK - \frac{1}{2}\beta^2\right)s + \beta B_s\right\}ds}.$$

10. 解 SDE

$$dX_t = (aX_t + b)dt + (cX_t + d)dB_t, \quad X_0 = x,$$

其中 a,b,c,d 为常数.

第 4 章 倒向随机微分方程

本章介绍倒向随机微分方程 (BSDE) 的基本内容, 与正向随机微分方程的最主要区别是 BSDE 的解是二元组, 这使得 BSDE 与 SDE 有本质不同. 另外, 倒向随机微分方程理论为研究随机控制问题提供了有力工具.

4.1 引出 BSDE 的实例——欧式期权定价

本节通过欧式期权定价问题引入倒向随机微分方程. 为简单起见, 设投资标的物为一只股票和一只债券, t 时刻的股票价格为 X_t^1, 债券价格为 X_t^0, 分别满足

$$dX_t^1 = X_t^1(\mu dt + \sigma dW_t)$$

和

$$dX_t^0 = rX_t^0 dt,$$

其中常数 μ 为收益率, σ 为波动率, r 为利率, 随机过程 W_t 为布朗运动.

令 π_t 为 t 时刻投资在股票中的资金. 在时间区间 $[t, t+dt]$ 上, 股票引起的资产变化为 $\frac{\pi_t}{X_t^1} dX_t^1$. 令财富过程为 Y_t, 则 $Y_t - \pi_t$ 为债券的投资额, 所以在债券上的资产变化为 $\frac{Y_t - \pi_t}{X_t^0} dX_t^0$. 在自融资条件下 (没有外部资金的流入或流出), 财富过程 Y_t 满足

$$\begin{aligned} dY_t &= \frac{\pi_t}{X_t^1} dX_t^1 + \frac{Y_t - \pi_t}{X_t^0} dX_t^0 \\ &= \pi_t(\mu dt + \sigma dW_t) + (Y_t - \pi_t)rdt \\ &= (rY_t + (\mu - r)\pi_t)\, dt + \sigma\pi_t dW_t. \end{aligned}$$

假设欧式期权的执行时间为 T, 执行价格为 K. 则期权在 T 时刻的价值为 $(X_T^1 - K)^+$, 于是资产过程在 T 时的价值应等于期权价值, 即

$$Y_T = (X_T^1 - K)^+.$$

令 $Z_t = \sigma\pi_t$. 则 (Y_t, Z_t) 满足以下 BSDE:

$$\begin{cases} dY_t = (rY_t + \sigma^{-1}(\mu - r)Z_t)\, dt + Z_t dW_t, \\ Y_T = (X_T^1 - K)^+. \end{cases}$$

解此 BSDE 得到此期权在 0 时刻的公平价格 Y_0.

注意 BSDE 的解是二元组 (Y_t, Z_t) 且关于域流 $\mathcal{F}_t$-适应, 与正向 SDE 不同, BSDE 是终端给定的随机微分方程. 若无变量 Z_t, 则 BSDE 通常没有适应解.

例 4.1.1 考虑下面的简单 BSDE:

$$\begin{cases} dY_t = 0, \\ Y_T = \xi, \end{cases}$$

其中 ξ 是 $\mathcal{F}_T$-可测的随机变量.

显然, 为以上两个方程同时成立, 必有 $Y_t = \xi$. 然而, 此过程并非 $\mathcal{F}_t$-适应的.

4.2 线性 BSDE

在本节中, 我们考虑一般线性 BSDE 的解法及其范数估计. 先给出一个最简单的可解 BSDE.

例 4.2.1 令 $\mathcal{F}_t = \sigma(W_s : s \leqslant t) = \mathcal{F}_t^W$. 求解 BSDE

$$\begin{cases} dY_t = Z_t dW_t, \\ Y_T = \xi. \end{cases}$$

解 显然 Y_t 是鞅, 因此 $Y_t = \mathbb{E}(\xi|\mathcal{F}_t)$. 由鞅表示定理,

$$Y_t = Y_0 + \int_0^t Z_s dW_s,$$

这样得到 Z_t. ∎

下面讨论一般的线性 BSDE:

$$\begin{cases} dY_t = (a_t Y_t + b_t Z_t + f_t)dt + Z_t dW_t, \\ Y_T = \xi, \end{cases} \tag{4.2.1}$$

其中 a_t, b_t, f_t 为关于 $\mathcal{F}_t$-适应的过程且 ξ 关于 $\mathcal{F}_T$-可测.

为方便讨论, 我们引入以下记号:

$L_{\mathbb{F}}^{2,c}$: 所有连续的 $\mathcal{F}_t$-适应的过程 Y_t 使得

$$\mathbb{E}\sup_{t\leqslant T} Y_t^2 < \infty;$$

$L_{\mathbb{F}}^2$: 所有 $\mathcal{F}_t$-适应过程 Y_t 使得

$$\mathbb{E} \int_0^T Y_t^2 dt < \infty;$$

$L_{\mathbb{F}}^{2,\mathrm{loc}}$: 所有 $\mathcal{F}_t$-适应过程 Y_t 使得存在停时列 $\tau_n \uparrow T$, 且对任意 n,

$$\mathbb{E} \int_0^{\tau_n} Y_t^2 dt < \infty.$$

定义 4.2.1   若对任意 $t \in [0, T]$,

$$Y_t = \xi - \int_t^T (a_s Y_s + b_s Z_s + f_s) ds - \int_t^T Z_s dW_s \ \text{a.s.}.$$

则二元组 $(Y, Z) \in L_{\mathbb{F}}^{2,c} \times L_{\mathbb{F}}^2$ 是 BSDE (4.2.1) 的解. 若对 BSDE (4.2.1) 的任意两个解 (Y, Z) 和 (Y', Z') 有

$$\mathbb{P}(Y_t = Y_t', \ \forall t \ \text{且} \ Z_t = Z_t' \ \text{a.e.} \ t) = 1.$$

则称 BSDE (4.2.1) 的解唯一.

记 $L_{\mathcal{F}_T}^2$ 为所有 $\mathcal{F}_T$-可测平方可积随机变量的全体, $L_{\mathbb{F}}^\infty$ 为所有有界 $\mathcal{F}_t$-适应随机过程的全体.

定理 4.2.2   设 $a, b \in L_{\mathbb{F}}^\infty$. 则对 $\forall f \in L_{\mathbb{F}}^2, \xi \in L_{\mathcal{F}_T}^2$, BSDE (4.2.1) 有唯一解 (Y, Z). 进一步, 存在常数 K 使得

$$\mathbb{E}\left(\sup_{t \leqslant T} Y_t^2\right) + \mathbb{E} \int_0^T Z_t^2 dt \leqslant K \left(\mathbb{E}\xi^2 + \mathbb{E} \int_0^T f_t^2 dt\right). \tag{4.2.2}$$

证明   令 $\Psi_0 = 1$,

$$d\Psi_t = F_t dt + G_t dW_t,$$

其中 F_t 和 G_t 稍后确定. 则

$$
\begin{aligned}
d(\Psi_t Y_t) &= Y_t (F_t dt + G_t dW_t) \\
&\quad + \Psi_t ((a_t Y_t + b_t Z_t + f_t) dt + Z_t dW_t) + G_t Z_t dt \\
&= ((F_t + a_t \Psi_t) Y_t + (b_t \Psi_t + G_t) Z_t + f_t \Psi_t) dt \\
&\quad + (G_t Y_t + \Psi_t Z_t) dW_t.
\end{aligned}
$$

取 F_t 和 G_t 使得

$$F_t + a_t \Psi_t = b_t \Psi_t + G_t = 0.$$

则 Ψ_t 满足方程

$$\begin{cases} d\Psi_t = -a_t\Psi_t dt - b_t\Psi_t dW_t, \\ \Psi_0 = 1, \end{cases} \tag{4.2.3}$$

且

$$\Psi_t Y_t - \Psi_T \xi = -\int_t^T \Psi_s f_s ds - \int_t^T \Psi_s(Z_s - b_s Y_s) dW_s.$$

注意 (4.2.3) 有显式解. 事实上,

$$d\ln\Psi_t = -\left(a_t + \frac{1}{2}b_t^2\right)dt - b_t dW_t,$$

因此

$$\Psi_t = \exp\left(-\int_0^t \left(a_s + \frac{1}{2}b_s^2\right)ds - \int_0^t b_s dW_s\right).$$

令

$$\theta = \Psi_T \xi - \int_0^T \Psi_s f_s ds.$$

于是

$$\Psi_t Y_t = \theta + \int_0^t \Psi_s f_s ds - \int_t^T \Psi_s(Z_s - b_s Y_s) dW_s.$$

对上式两端取条件期望, 得

$$\Psi_t Y_t = \mathbb{E}\left(\theta|\mathcal{F}_t\right) + \int_0^t \Psi_s f_s ds. \tag{4.2.4}$$

显然

$$Y_t = \Phi_t \mathbb{E}\left(\theta|\mathcal{F}_t\right) + \Phi_t \int_0^t \Psi_s f_s ds, \tag{4.2.5}$$

其中 $\Phi_t = \Psi_t^{-1}$, 并且易证

$$\begin{cases} d\Phi_t = (a_t + b_t^2)\Phi_t dt + b_t\Phi_t dW_t, \\ \Phi_0 = 1. \end{cases}$$

为解 Z_t, 用鞅表示定理得

$$\mathbb{E}\left(\theta|\mathcal{F}_t\right) = \mathbb{E}\theta + \int_0^t \eta_s dW_s.$$

对 (4.2.4) 运用 Itô 公式, 得

$$\eta_t dW_t + \Psi_t f_t dt = \Psi_t dY_t - \Psi_t Y_t (a_t dt + b_t dW_t) + d\langle \Psi, Y \rangle_t.$$

于是

$$dY_t = (\cdots)dt + (b_t Y_t + \Phi_t \eta_t)dW_t.$$

因此

$$Z_t = b_t Y_t + \eta_t \Phi_t. \tag{4.2.6}$$

从而 BSDE (4.2.1) 的解由 (4.2.5) 和 (4.2.6) 给出.

最后证明 (4.2.2). 对 (4.2.1) 运用 Itô 公式得

$$dY_t^2 = 2Y_t(a_t Y_t + b_t Z_t + f_t)dt + 2Y_t Z_t dW_t + Z_t^2 dt. \tag{4.2.7}$$

积分得

$$Y_t^2 - \xi^2 = -\int_t^T 2Y_s(a_s Y_s + b_s Z_s + f_s)ds$$
$$- \int_t^T 2Y_s Z_s dW_s - \int_t^T Z_s^2 ds.$$

对上式两端取期望, 整理得

$$\mathbb{E}Y_t^2 + \mathbb{E}\int_t^T Z_s^2 ds \tag{4.2.8}$$
$$= \mathbb{E}\xi^2 - \mathbb{E}\int_t^T 2Y_s(a_s Y_s + b_s Z_s + f_s)ds$$
$$\leqslant \mathbb{E}\xi^2 + K\int_t^T \left(\mathbb{E}Y_s^2 + \mathbb{E}f_s^2\right)ds + \frac{1}{2}\mathbb{E}\int_t^T Z_s^2 ds,$$

其中 K 为一常数. 于是,

$$\mathbb{E}Y_t^2 \leqslant K_1 a + K_2 \int_t^T \mathbb{E}Y_s^2 ds,$$

其中

$$a = \mathbb{E}\xi^2 + \int_0^T \mathbb{E}f_s^2 ds.$$

由 Gronwall 不等式得

$$\mathbb{E}Y_t^2 \leqslant K_1 a e^{K_2 T} \equiv K_3 a.$$

将上式估计再次代入 (4.2.8) 可知

$$\mathbb{E}\int_t^T Z_s^2 ds \leqslant K_4 a. \tag{4.2.9}$$

对 (4.2.7) 运用 $p = 1$ 的 BDG 不等式得

$$\begin{aligned}
\mathbb{E}\left(\sup_{s \leqslant T} Y_s^2\right) &\leqslant \mathbb{E}Y_0^2 + \mathbb{E}\int_0^T |2Y_s(a_s Y_s + b_s Z_s + f_s)| ds \\
&\quad + \mathbb{E}\int_0^T Z_s^2 ds + K\mathbb{E}\left(\int_0^T Z_s^2 Y_s^2 ds\right)^{1/2} \\
&\leqslant a + K_6 \mathbb{E}\int_0^T Y_s^2 ds + K_7 \mathbb{E}\int_0^T Z_s^2 ds \\
&\quad + K\mathbb{E}\left(\sup_{s \leqslant T} Y_s^2 \int_0^T Z_s^2 ds\right)^{1/2} \\
&\leqslant a + K_6 \mathbb{E}\int_0^T Y_s^2 ds + K_7 \mathbb{E}\int_0^T Z_s^2 ds \\
&\quad + \frac{1}{2}\mathbb{E}\left(\sup_{s \leqslant T} Y_s^2\right) + K_8 \mathbb{E}\int_0^T Z_s^2 ds.
\end{aligned}$$

所以

$$\mathbb{E}\left(\sup_{s \leqslant T} Y_s^2\right) \leqslant 2a + K_8 \mathbb{E}\int_0^T Y_s^2 ds + K_9 \mathbb{E}\int_0^T Z_s^2 ds \leqslant K_{10} a. \tag{4.2.10}$$

结合 (4.2.9), (4.2.10) 和 (4.2.2) 得证. ■

4.3 非线性 BSDE

本节考虑一般的 BSDE:

$$\begin{cases} dY_t = h(t, Y_t, Z_t) dt + Z_t dW_t, \\ Y_T = \xi, \end{cases} \tag{4.3.1}$$

其中 $h: [0,T] \times \mathbb{R} \times \mathbb{R} \times \Omega \to \mathbb{R}$ 且 $\xi \in L^2_{\mathcal{F}_T}$.

我们的目标是找到满足 (4.3.1) 的 $\mathcal{F}_t$-适应的过程 (Y_t, Z_t).

为了证明 BSDE 解的存在唯一性, 需要构造合适的范数, 以期使用压缩映射原理. 于是, 对 $\beta \in \mathbb{R}$, 在 $\mathcal{M}_\beta \equiv L^{2,c}_{\mathbb{F}} \times L^2_{\mathbb{F}} \equiv \mathcal{M}$ 上定义范数 $\|\cdot\|_{\mathcal{M}_\beta}$:

$$\|(Y,Z)\|^2_{\mathcal{M}_\beta} \equiv \mathbb{E}\left[\sup_{t \leqslant T}\left(e^{2\beta t}Y_t^2\right) + \int_0^T e^{2\beta t}Z_t^2 dt\right].$$

注释 4.3.1　所有范数均等价, 即 $\forall\, \beta,\, \beta',\, \exists\, K,\, K' > 0$, 使得对 $\forall\, (Y,Z) \in \mathcal{M}$, 有

$$K'\|(Y,Z)\|_{\mathcal{M}_{\beta'}} \leqslant \|(Y,Z)\|_{\mathcal{M}_\beta} \leqslant K\|(Y,Z)\|_{\mathcal{M}_{\beta'}}.$$

为了得到解的存在唯一性, 需要如下的 Lipschitz 条件.

假设 (A): $\forall\, (y,z) \in \mathbb{R}^2$, $h(\cdot,y,z)$ 是 $\mathcal{F}_t$-适应的过程, $h(\cdot,0,0) \in L^2_{\mathbb{F}}$. 进一步, 存在常数 $L > 0$, $\forall\, y,\bar{y},z,\bar{z} \in \mathbb{R}$,

$$|h(t,y,z) - h(t,\bar{y},\bar{z})| \leqslant L\left(|y - \bar{y}| + |z - \bar{z}|\right) \text{ a.s..}$$

定理 4.3.2　若假设 (A) 成立. 则对任意 $\xi \in L^2_{\mathcal{F}_T}$, BSDE (4.3.1) 有唯一解 $(Y,Z) \in \mathcal{M}$.

证明　固定 $(y,z) \in \mathcal{M}_\beta$, 令 $h_t \equiv h(t,y_t,z_t) \in L^2_{\mathcal{F}_t}$. 考虑线性 BSDE

$$\begin{cases} dY_t = h_t dt + Z_t dW_t, \\ Y_T = \xi. \end{cases} \tag{4.3.2}$$

由定理 4.2.2 可知, (4.3.2) 有唯一解 $(Y,Z) \in \mathcal{M}_\beta$. 于是定义算子 $J: \mathcal{M}_\beta \to \mathcal{M}_\beta$, $J(y,z) = (Y,Z)$.

令 $(\bar{y},\bar{z}) \in \mathcal{M}_\beta$, $(\bar{Y},\bar{Z}) = J(\bar{y},\bar{z})$,

$$\hat{Y} = Y - \bar{Y}, \quad \hat{Z} = Z - \bar{Z}, \quad \hat{h}_t = h(t,y_t,z_t) - h(t,\bar{y}_t,\bar{z}_t).$$

于是

$$\begin{cases} d\hat{Y}_t = \hat{h}_t dt + \hat{Z}_t dW_t, \\ \hat{Y}_T = 0. \end{cases}$$

运用 Itô 公式得

$$\begin{aligned} d(e^{2\beta t}\hat{Y}_t^2) &= 2\beta e^{2\beta t}\hat{Y}_t^2 dt + 2e^{2\beta t}\hat{Y}_t d\hat{Y}_t + e^{2\beta t}d\langle\hat{Y}\rangle_t \\ &= 2\beta e^{2\beta t}\hat{Y}_t^2 dt + 2e^{2\beta t}\hat{Y}_t\left(\hat{h}_t dt + \hat{Z}_t dW_t\right) + e^{2\beta t}\hat{Z}_t^2 dt. \end{aligned}$$

积分得

$$e^{2\beta t}\hat{Y}_t^2 = -\int_t^T \left(2\beta\hat{Y}_s^2 + \hat{Z}_s^2 + 2\hat{Y}_s\hat{h}_s\right)e^{2\beta s}ds - \int_t^T 2e^{2\beta s}\hat{Y}_s\hat{Z}_s dW_s.$$

所以

$$e^{2\beta t}\hat{Y}_t^2 + \int_t^T e^{2\beta s}\hat{Z}_s^2 ds$$

$$= -\int_t^T \left(2\beta\hat{Y}_s^2 + 2\hat{Y}_s\hat{h}_s\right)e^{2\beta s}ds - \int_t^T 2e^{2\beta s}\hat{Y}_s\hat{Z}_s dW_s$$

$$\leqslant \int_t^T \left(-2\beta\hat{Y}_s^2 + 2|\hat{Y}_s|L\left(|\hat{y}_s| + |\hat{z}_s|\right)\right)e^{2\beta s}ds - \int_t^T 2e^{2\beta s}\hat{Y}_s\hat{Z}_s dW_s$$

$$= \int_t^T \left(-2\beta\hat{Y}_s^2 + 2\frac{L}{\sqrt{\lambda}}|\hat{Y}_s|\sqrt{\lambda}|\hat{y}_s| + 2\frac{L}{\sqrt{\lambda}}|\hat{Y}_s|\sqrt{\lambda}|\hat{z}_s|\right)e^{2\beta s}ds$$

$$\quad -\int_t^T 2e^{2\beta s}\hat{Y}_s\hat{Z}_s dW_s$$

$$\leqslant \int_t^T \left(\left(-2\beta + \frac{2L^2}{\lambda}\right)\hat{Y}_s^2 + \lambda\left(\hat{y}_s^2 + \hat{z}_s^2\right)\right)e^{2\beta s}ds$$

$$\quad -\int_t^T 2e^{2\beta s}\hat{Y}_s\hat{Z}_s dW_s$$

$$= \int_t^T \lambda\left(\hat{y}_s^2 + \hat{z}_s^2\right)e^{2\beta s}ds - \int_t^T 2e^{2\beta s}\hat{Y}_s\hat{Z}_s dW_s, \tag{4.3.3}$$

其中最后的等式取 $\lambda = \dfrac{L^2}{\beta}$ 即可.

去掉 (4.3.3) 左端的第一项, 取期望得

$$\mathbb{E}\int_0^T e^{2\beta s}\hat{Z}_s^2 ds \leqslant \mathbb{E}\int_0^T \lambda\left(\hat{y}_s^2 + \hat{z}_s^2\right)e^{2\beta s}ds$$

$$\leqslant \lambda T\mathbb{E}\sup_{t\leqslant T}\left(e^{2\beta t}\hat{y}_t^2\right) + \lambda\mathbb{E}\int_0^T e^{2\beta s}\hat{z}_s^2 ds$$

$$\leqslant \lambda(T+1)\|(\hat{y},\hat{z})\|_{\mathcal{M}_\beta}^2. \tag{4.3.4}$$

去掉 (4.3.3) 左端的第二项, 对 (4.3.3) 式取上确界再取期望得

$$\mathbb{E}\sup_{t\leqslant T}\left(e^{2\beta t}\hat{Y}_t^2\right)$$

$$\leqslant \lambda(T+1)\|(\hat{y},\hat{z})\|_{\mathcal{M}_\beta}^2 + 2\mathbb{E}\sup_{t\leqslant T}\left|\int_t^T e^{2\beta s}\hat{Y}_s\hat{Z}_s dW_s\right|$$

$$\leqslant \lambda(T+1)\|(\hat{y},\hat{z})\|_{\mathcal{M}_\beta}^2 + K\mathbb{E}\left(\int_0^T e^{4\beta s}\hat{Y}_s^2\hat{Z}_s^2 ds\right)^{1/2}$$

$$\leqslant \lambda(T+1)\|(\hat{y},\hat{z})\|_{\mathcal{M}_\beta}^2 + K\mathbb{E}\left(\sup_{t\leqslant T}e^{\beta t}|\hat{Y}_t|\left(\int_0^T e^{2\beta s}\hat{Z}_s^2 ds\right)^{1/2}\right)$$

$$\leqslant \lambda(T+1)\|(\hat{y},\hat{z})\|_{\mathcal{M}_\beta}^2 + \frac{1}{2}\mathbb{E}\sup_{t\leqslant T}\left(e^{2\beta t}\hat{Y}_t^2\right) + K_1\mathbb{E}\int_0^T e^{2\beta t}\hat{Z}_t^2 dt$$

$$\leqslant K_2\lambda(T+1)\|(\hat{y},\hat{z})\|_{\mathcal{M}_\beta}^2 + \frac{1}{2}\mathbb{E}\sup_{t\leqslant T}\left(e^{2\beta t}\hat{Y}_t^2\right), \tag{4.3.5}$$

其中第二个不等式由 BDG 不等式得到, 最后一不等式由 (4.3.4) 得到. 所以

$$\mathbb{E}\sup_{t\leqslant T}\left(e^{2\beta t}\hat{Y}_t^2\right) \leqslant 2K_2\lambda(T+1)\|(\hat{y},\hat{z})\|_{\mathcal{M}_\beta}^2. \tag{4.3.6}$$

结合 (4.3.4) 和 (4.3.6) 得

$$\|(\hat{Y},\hat{Z})\|_{\mathcal{M}_\beta}^2 \leqslant 2(T+1)L^2\beta^{-1}K_3\|(\hat{y},\hat{z})\|_{\mathcal{M}_\beta}^2. \tag{4.3.7}$$

取充分大的 β 使得 $2(T+1)L^2\beta^{-1}K_3 < 1$. 从而 J 是压缩映射. 于是 J 有唯一的不动点, 即 (4.3.1) 的唯一解. ∎

下面的定理给出解关于 (h,ξ) 的连续依赖性.

定理 4.3.3　令 (Y,Z) 和 $(\bar{Y},\bar{Z})$ 是参数分别为 (h,ξ) 和 $(\bar{h},\bar{\xi})$ 时方程 (4.3.1) 的解. 则

$$\|(Y-\bar{Y},Z-\bar{Z})\|_{\mathcal{M}_\beta}^2$$

$$\leqslant K\mathbb{E}\left(|\xi-\bar{\xi}|^2 + \int_0^T |h(s,Y_s,Z_s) - \bar{h}(s,Y_s,Z_s)|^2 ds\right).$$

证明　记上式右端为 Ka, 令

$$\hat{Y} = Y - \bar{Y}, \quad \hat{Z} = Z - \bar{Z},$$

且

$$\hat{h}_t = h(t,Y_t,Z_t) - \bar{h}(t,Y_t,Z_t), \quad \tilde{h}_t = h(t,Y_t,Z_t) - \bar{h}(t,\bar{Y}_t,\bar{Z}_t).$$

于是

$$\begin{cases} d\hat{Y}_t = \tilde{h}_t dt + \hat{Z}_t dW_t, \\ \hat{Y}_T = \hat{\xi}. \end{cases}$$

由 Itô 公式,

$$d\hat{Y}_t^2 = 2\hat{Y}_t \left(\tilde{h}_t dt + \hat{Z}_t dW_t \right) + \hat{Z}_t^2 dt.$$

对上式积分得

$$\hat{Y}_t^2 - \hat{\xi}^2 = -\int_t^T \left(2\hat{Y}_s \tilde{h}_s + \hat{Z}_s^2 \right) ds - \int_t^T 2\hat{Y}_s \hat{Z}_s dW_s.$$

因此

$$\hat{Y}_t^2 + \int_t^T \hat{Z}_s^2 ds$$

$$\leqslant \hat{\xi}^2 + 2\int_t^T |\hat{Y}_s| \left(|\hat{h}_s| + L \left(|\hat{Y}_s| + |\hat{Z}_s| \right) \right) ds - \int_t^T 2\hat{Y}_s \hat{Z}_s dW_s$$

$$\leqslant \hat{\xi}^2 + \int_t^T \left((1 + 2L + 2L^2)\hat{Y}_s^2 + \frac{1}{2}\hat{Z}_s^2 + \hat{h}_s^2 \right) ds - \int_t^T 2\hat{Y}_s \hat{Z}_s dW_s.$$

$$(4.3.8)$$

所以

$$\mathbb{E} \left(\hat{Y}_t^2 + \int_t^T \hat{Z}_s^2 ds \right) \leqslant \mathbb{E}\hat{\xi}^2 + \mathbb{E}\int_t^T \left((1 + 2L + 2L^2)\hat{Y}_s^2 + \frac{1}{2}\hat{Z}_s^2 + \hat{h}_s^2 \right) ds.$$

由此可得

$$\mathbb{E}\hat{Y}_t^2 \leqslant a + 2(1 + L)^2 \int_t^T \mathbb{E}\hat{Y}_s^2 ds \tag{4.3.9}$$

和

$$\mathbb{E}\int_t^T \hat{Z}_s^2 ds \leqslant 2a + 4(1 + L)^2 \int_t^T \mathbb{E}\hat{Y}_s^2 ds. \tag{4.3.10}$$

对 (4.3.9) 用 Gronwall 不等式得

$$\mathbb{E}\hat{Y}_t^2 \leqslant ae^{2(1+L)^2 T} \equiv K_1 a.$$

代入 (4.3.10) 得

$$\mathbb{E}\int_0^T \hat{Z}_s^2 ds \leqslant 2a + 4(1 + L)^2 Tae^{2(1+L)^2 T} \equiv K_2 a. \tag{4.3.11}$$

最后

$$\mathbb{E}\sup_{t\leqslant T}\left|\int_t^T \hat{Y}_s \hat{Z}_s dW_s\right| = \mathbb{E}\sup_{t\leqslant T}\left|\int_0^T \hat{Y}_s \hat{Z}_s dW_s - \int_0^t \hat{Y}_s \hat{Z}_s dW_s\right|$$

$$\leqslant \mathbb{E}\left|\int_0^T \hat{Y}_s \hat{Z}_s dW_s\right| + \mathbb{E}\sup_{t\leqslant T}\left|\int_0^t \hat{Y}_s \hat{Z}_s dW_s\right|$$

$$\leqslant 2\mathbb{E}\sup_{t\leqslant T}\left|\int_0^t \hat{Y}_s \hat{Z}_s dW_s\right|$$

$$\leqslant K_3 \mathbb{E}\left(\int_0^T \hat{Y}_s^2 \hat{Z}_s^2 ds\right)^{1/2}$$

$$\leqslant \frac{1}{4}\mathbb{E}\sup_{s\leqslant T}\hat{Y}_s^2 + K_4 \mathbb{E}\int_0^T \hat{Z}_s^2 ds$$

$$\leqslant \frac{1}{4}\mathbb{E}\sup_{s\leqslant T}\hat{Y}_s^2 + K_5 a.$$

对 (4.3.8) 两端去掉 $\displaystyle\int_t^T \hat{Z}_s^2 ds$, 取上确界, 再取期望得

$$\mathbb{E}\left(\sup_{t\leqslant T}\hat{Y}_t^2\right)$$

$$\leqslant \mathbb{E}\hat{\xi}^2 + \mathbb{E}\int_0^T \hat{h}_s^2 ds + (1+L)^2 \mathbb{E}\int_0^T \hat{Y}_s ds + 2\mathbb{E}\sup_{t\leqslant T}\left|\int_t^T \hat{Y}_s \hat{Z}_s dW_s\right|$$

$$\leqslant a + (1+L)^2 K_1 T a + \frac{1}{2}\mathbb{E}\left(\sup_{t\leqslant T}\hat{Y}_t^2\right) + K_5 a.$$

因此,

$$\mathbb{E}\left(\sup_{t\leqslant T}\hat{Y}_t^2\right) \leqslant K_6 a.$$

与 (4.3.11) 结合, 定理得证.   ■

以下定理给出解的递推逼近. 令 $(Y_t^0, Z_t^0) = (0,0)$, (Y^{i+1}, Z^{i+1}) 是如下线性 BSDE 的解:

$$\begin{cases} dY_t^{i+1} = h(t, Y_t^i, Z_t^i)dt + Z_t^{i+1}dW_t, \\ Y_T^{i+1} = \xi. \end{cases}$$

定理 4.3.4   存在常数 K 使得

$$\|(Y^i, Z^i) - (Y, Z)\|_{\mathcal{M}_\beta} \leqslant Ke^{-i}, \quad \forall\, i \geqslant 1.$$

证明 注意 $(Y^{i+1}, Z^{i+1}) = J(Y^i, Z^i)$. 令 $\hat{Y}^{i+1} = Y^{i+1} - Y^i$. 由 (4.3.7) 可知存在 $\beta > 0$ 使得

$$\|(\hat{Y}^{i+1}, \hat{Z}^{i+1})\|_{\mathcal{M}_\beta} \leqslant e^{-1}\|(\hat{Y}^i, \hat{Z}^i)\|_{\mathcal{M}_\beta}.$$

因此

$$\|(\hat{Y}^{i+1}, \hat{Z}^{i+1})\|_{\mathcal{M}_\beta} \leqslant e^{-i}\|(\hat{Y}^1, \hat{Z}^1)\|_{\mathcal{M}_\beta} \equiv K_1 e^{-i}.$$

由三角不等式可知 $(Y^i, Z^i) \to (Y, Z)$ 且

$$\|(Y^i, Z^i) - (Y, Z)\|_{\mathcal{M}_\beta} \leqslant K_1 \sum_{j=i}^{\infty} e^{-j} = K_2 e^{-i}.$$

定理得证. ∎

4.4　正倒向随机微分方程

实际中, BSDE 的终端值通常由另一正向 SDE 的解给出. 于是我们需要考虑以下正倒向随机微分方程 (FBSDE):

$$\begin{cases} dX_t = b(t, X_t, Y_t, Z_t)dt + \sigma(t, X_t, Y_t, Z_t)dW_t, \\ dY_t = h(t, X_t, Y_t, Z_t)dt + Z_t dW_t, \\ X_0 = x, \quad Y_T = g(X_T). \end{cases} \tag{4.4.1}$$

如何求解以上方程 (4.4.1) 是一个很自然的问题. 对此类方程, 可运用下面介绍的 Ma-Protter-Yong 的四步法进行求解. 尝试 $Y_t = \theta(t, X_t)$, 其中 θ 为一个待定的光滑函数. 由 Itô 公式得

$$\begin{aligned} dY_t &= \partial_t \theta dt + \partial_x \theta dX_t + \frac{1}{2}\partial_x^2 \theta (dX_t)^2 \\ &= \partial_t \theta dt + \partial_x \theta b dt + \partial_x \theta \sigma dW_t + \frac{1}{2}\partial_x^2 \theta \sigma^2 dt \\ &= \left(\partial_t \theta + b\partial_x \theta + \frac{1}{2}\sigma^2 \partial_x^2 \theta\right)dt + \partial_x \theta \sigma dW_t. \end{aligned}$$

与 FBSDE (4.4.1) 比较得

$$\begin{cases} h(t, X_t, \theta(t, X_t), Z_t) = \partial_t \theta(t, X_t) + b(t, X_t, \theta(t, X_t), Z_t)\partial_x \theta(t, X_t) \\ \qquad\qquad\qquad\qquad + \frac{1}{2}\sigma^2(t, X_t, \theta(t, X_t), Z_t)\partial_x^2 \theta(t, X_t), \\ Z_t = \sigma(t, X_t, \theta(t, X_t), Z_t)\partial_x \theta(t, X_t). \end{cases} \tag{4.4.2}$$

这样总结出下面的四步法.

步骤 1: 对任意固定的 (t, x, y, p), 记代数方程

$$z = \sigma(t, x, y, z)p \tag{4.4.3}$$

的解为 $z(t, x, y, p)$.

步骤 2: 解偏微分方程 (PDE)

$$\begin{cases} \partial_t \theta + b(t, x, \theta, z(t, x, \theta, \partial_x \theta))\partial_x \theta + \dfrac{1}{2}\sigma^2(t, x, \theta, z(t, x, \theta, \partial_x \theta))\partial_x^2 \theta \\ = h(t, x, \theta, z(t, x, \theta, \partial_x \theta)), \\ \theta(T, x) = g(x), \quad x \in \mathbb{R}. \end{cases} \tag{4.4.4}$$

步骤 3: 解 SDE

$$dX_t = \tilde{b}(t, X_t)dt + \tilde{\sigma}(t, X_t)dW_t, \quad X_0 = x, \tag{4.4.5}$$

其中

$$\tilde{\phi}(t, x) = \phi(t, x, \theta(t, x), z(t, x, \theta(t, x), \partial_x \theta(t, x))), \quad \phi = b, \sigma.$$

步骤 4: 得到 FBSDE 的解:

$$\begin{cases} Y_t = \theta(t, X_t), \\ Z_t = z(t, X_t, Y_t, \partial_x \theta(t, X_t)). \end{cases} \tag{4.4.6}$$

定理 4.4.1 设代数方程 (4.4.3) 有唯一解 $z = z(t, x, y, p)$ 并且关于 (x, y, p) 满足一致 Lipschitz 条件及 $z(t, 0, 0, 0)$ 有界. 设 PDE (4.4.4) 存在唯一经典解且 $\partial_x \theta$, $\partial_x^2 \theta$ 有界. 设 b, σ 关于 (x, y, z) 一致 Lipschitz 且 $b(t, 0, 0, 0)$, $\sigma(t, 0, 0, 0)$ 有界. 则由 (4.4.5) 和 (4.4.6) 确定的过程 (X, Y, Z) 是 (4.4.1) 的解. 进一步, 若 h 关于 (x, y, z) 一致 Lipschitz, $z \mapsto \sigma(t, x, y, z)$ 的 Lipschitz 常数 L_σ 满足 $|\partial_x \theta(t, x)|$ $L_\sigma < 1$, 则 (4.4.1) 有唯一解.

证明 由于定理的条件保证了上面提到的四步法的可行性, 解的存在性由此可得, 因此仅需证明解的唯一性. 令 (X, Y, Z) 是 (4.4.1) 的一个解. 定义

$$\begin{cases} \tilde{Y}_t = \theta(t, X_t), \\ \tilde{Z}_t = z(t, X_t, \tilde{Y}_t, \partial_x \theta(t, X_t)). \end{cases}$$

因 (4.4.3) 的解唯一, 则

$$\tilde{Z}_t = \sigma(t, X_t, \tilde{Y}_t, \tilde{Z}_t)\partial_x \theta(t, X_t).$$

根据 Itô 公式,

$$d\tilde{Y}_t = d\theta(t, X_t)$$
$$= \left(\partial_t\theta + b(t, X_t, Y_t, Z_t)\partial_x\theta(t, X_t) + \frac{1}{2}\sigma^2\partial_x^2\theta\right) dt + \sigma\partial_x\theta dW_t.$$

注意到

$$\partial_t\theta(t, X_t) = -b(t, X_t, \tilde{Y}_t, \tilde{Z}_t)\partial_x\theta(t, X_t) - \frac{1}{2}\sigma^2\partial_x^2\theta + h.$$

因此

$$dY_t = \Bigg((b(t, X_t, Y_t, Z_t) - b(t, X_t, \tilde{Y}_t, \tilde{Z}_t))\partial_x\theta(t, X_t)$$
$$+ \frac{1}{2}(\sigma^2(t, X_t, Y_t, Z_t) - \sigma^2(t, X_t, \tilde{Y}_t, \tilde{Z}_t))\partial_x^2\theta(t, X_t)$$
$$+ h(t, X_t, \tilde{Y}_t, \tilde{Z}_t) \Bigg) dt$$
$$+ \sigma\partial_x\theta(t, X_t)dW_t.$$

令

$$\bar{Y} = \tilde{Y} - Y,$$
$$\bar{Z} = \tilde{Z} - Z$$

和

$$\bar{\phi}_t = \phi(t, X_t, \tilde{Y}_t, \tilde{Z}_t) - \phi(t, X_t, Y_t, Z_t), \quad \phi = b, \sigma^2, h, \sigma.$$

于是, $\bar{Y}_T = 0$ 且

$$d\bar{Y}_t = \left(-\partial_x\theta\bar{b}_t - \frac{1}{2}\partial_x^2\theta\bar{\sigma}_t^2 + \bar{h}_t\right) dt - \bar{\sigma}_t\partial_x\theta dW_t$$
$$+ \left(\sigma(t, X_t, \tilde{Y}_t, \tilde{Z}_t)\partial_x\theta - Z_t\right) dW_t$$
$$= \left(-\partial_x\theta\bar{b}_t - \frac{1}{2}\partial_x^2\theta\bar{\sigma}_t^2 + \bar{h}_t\right) dt + \left(\bar{Z}_t - \bar{\sigma}_t\partial_x\theta\right) dW_t.$$

所以

$$d\bar{Y}_t^2 = 2\bar{Y}_t\left(-\partial_x\theta\bar{b}_t - \frac{1}{2}\partial_x^2\theta\bar{\sigma}_t^2 + \bar{h}_t\right) dt$$

$$+ 2\bar{Y}_t \left(\bar{Z}_t - \bar{\sigma}_t \partial_x \theta \right) dW_t + \left(\bar{Z}_t - \bar{\sigma}_t \partial_x \theta \right)^2 dt.$$

从 t 到 T 积分并取期望得

$$\mathbb{E}\bar{Y}_t^2 = -\mathbb{E} \int_t^T 2\bar{Y}_s \left(-\partial_x \theta \bar{b}_s - \frac{1}{2} \partial_x^2 \theta \bar{\sigma}_s^2 + \bar{h}_s \right) ds$$

$$- \mathbb{E} \int_t^T \left(\bar{Z}_s - \bar{\sigma}_s \partial_x \theta \right)^2 ds.$$

注意

$$\left| 2\bar{Y}_s \left(-\partial_x \theta \bar{b}_s - \frac{1}{2} \partial_x^2 \theta \bar{\sigma}_s^2 + \bar{h}_s \right) \right| \leqslant K_1 |\bar{Y}_s| (|\bar{Y}_s| + |\bar{Z}_s|)$$

$$\leqslant K_2 \bar{Y}_s^2 + \epsilon \bar{Z}_s^2,$$

其中 $\epsilon > 0$ 任意, K_2 为与 ϵ 有关的常数.

另一方面,

$$-\left(\bar{Z}_s - \bar{\sigma}_s \partial_x \theta \right)^2 = -\bar{Z}_s^2 - |\bar{\sigma}_s \partial_x \theta|^2 + 2\bar{Z}_s \bar{\sigma}_s \partial_x \theta$$

$$\leqslant -\bar{Z}_s^2 - |\bar{\sigma}_s \partial_x \theta|^2 + \frac{1}{\lambda} \bar{Z}_s^2 + \lambda |\bar{\sigma}_s \partial_x \theta|^2$$

$$\leqslant \left(\lambda^{-1} - 1 \right) \bar{Z}_s^2 + (\lambda - 1) |\partial_x \theta|^2 (K_3 |\bar{Y}_s| + L_\sigma |\bar{Z}_s|)^2$$

$$\leqslant \left(\lambda^{-1} - 1 \right) \bar{Z}_s^2 + (\lambda - 1) \left(K_4 \bar{Y}_s^2 + (1 + \epsilon)\gamma \bar{Z}_s^2 \right),$$

其中 $\gamma < 1$ 为常数.

所以

$$\mathbb{E}\bar{Y}_t^2 \leqslant \mathbb{E} \int_t^T \left(K_5 \bar{Y}_s^2 + \left(\epsilon - \frac{\lambda - 1}{\lambda} (1 - (1 + \epsilon)\gamma) \right) \bar{Z}_s^2 \right) ds. \tag{4.4.7}$$

取合适的 λ 和 ϵ, 我们有 $\beta \equiv \epsilon - \dfrac{\lambda - 1}{\lambda}(1 - (1 + \epsilon)\gamma) < 0$. 因此

$$\mathbb{E}\bar{Y}_t^2 \leqslant \int_t^T K_5 \mathbb{E}\bar{Y}_s^2 ds.$$

由 Gronwall 不等式得 $\bar{Y} = 0$. 所以

$$0 \leqslant \beta \int_0^T \mathbb{E}\bar{Z}_s^2 ds.$$

说明 $\bar{Z} = 0$.   ∎

4.5 欧式期权定价

回忆欧式期权定价满足以下 FBSDE:

$$\begin{cases} dX_t = X_t(\mu dt + \sigma dW_t), \\ dY_t = \left(rY_t + \sigma^{-1}(\mu - r)Z_t\right) dt + Z_t dW_t, \\ X_0 = x, \quad Y_T = (X_T - K)^+. \end{cases} \tag{4.5.1}$$

现在我们用四步法求解.

步骤 1: 因为 $\sigma(t,x,y,z) = \sigma x$, 所以

$$z = p\sigma x.$$

步骤 2: 解 PDE

$$\begin{cases} \partial_t \theta + \mu x \partial_x \theta + \dfrac{1}{2}\sigma^2 x^2 \partial_x^2 \theta = r\theta + (\mu - r)x\partial_x \theta, \\ \theta(T,x) = (x - K)^+, \quad x \in \mathbb{R}. \end{cases}$$

令 $\xi = \ln x$ 和 $\phi(t,\xi) = \theta(t, e^\xi)$. 则 ϕ 满足以下常系数 PDE:

$$\begin{cases} \partial_t \phi + \dfrac{1}{2}\sigma^2 \partial_\xi^2 \phi + \left(r - \dfrac{1}{2}\sigma^2\right) \partial_\xi \phi - r\phi = 0, \\ \phi(T,\xi) = (e^\xi - K)^+. \end{cases}$$

令 $\Psi(t,\xi) = \phi(T - t, \xi)$. 则 Ψ 满足以下 PDE:

$$\begin{cases} \partial_t \Psi = \dfrac{1}{2}\sigma^2 \partial_\xi^2 \Psi + \left(r - \dfrac{1}{2}\sigma^2\right) \partial_\xi \Psi - r\Psi, \quad t > 0, \\ \Psi(0,\xi) = (e^\xi - K)^+, \quad x \in \mathbb{R}. \end{cases} \tag{4.5.2}$$

为求 (4.5.2) 的解, 考虑随机过程 ξ_t:

$$\begin{cases} d\xi_t = \left(r - \dfrac{1}{2}\sigma^2\right) dt + \sigma dW_t, \\ \xi_0 = \xi. \end{cases} \tag{4.5.3}$$

由 Itô 公式易验证

$$\Psi(t,\xi) = \mathbb{E}_\xi \left(e^{-rt}(e^{\xi_t} - K)^+\right)$$

为方程 (4.5.2) 的解.

另一方面,

$$\xi_t = \xi + \sigma W_t + \left(r - \frac{1}{2}\sigma^2 \right) t \sim N\left(\xi + \left(r - \frac{1}{2}\sigma^2 \right) t, \sigma^2 t \right),$$

其密度函数为

$$p(t, \eta - \xi) = \frac{1}{\sqrt{2\pi\sigma^2 t}} \exp\left(-\frac{1}{2\sigma^2 t} \left(\eta - \xi - \left(r - \frac{1}{2}\sigma^2 \right) t \right)^2 \right).$$

由此可得 ϕ 的表达式为

$$\phi(t, \xi) = \int_{\mathbb{R}} e^{-r(T-t)} \left(e^{\eta} - K \right)^+ p(T - t, \eta - \xi) d\eta.$$

令 $z = \dfrac{\eta - \xi - (T-t)(r - \gamma)}{\sqrt{2\gamma(T-t)}}$, $\gamma = \dfrac{1}{2}\sigma^2$. 则

$$\phi(t, \xi) = e^{-r(T-t)} \int_{\mathbb{R}} f(z) \left(\exp\left(\xi + (T-t)(r-\gamma) + \sqrt{2\gamma(T-t)}z \right) - K \right)^+ dz,$$

其中 f 是标准正态分布的概率密度函数.

令 z_0 由

$$\exp\left(\xi + (T-t)(r-\gamma) + \sqrt{2\gamma(T-t)}z_0 \right) = K$$

给出. 则

$$z_0 = \frac{\ln(K/x) - (T-t)(r-\gamma)}{\sqrt{2\gamma(T-t)}}.$$

因此

$$\begin{aligned}
\phi(t, \xi) &= e^{-r(T-t)} \int_{z_0}^{\infty} f(z) \left(\exp\left(\xi + (T-t)(r-\gamma) + \sqrt{2\gamma(T-t)}z \right) - K \right) dz \\
&= x \int_{z_0}^{\infty} \frac{1}{\sqrt{2\pi}} \exp\left(-\frac{1}{2} \left(z^2 - 2\sqrt{2\gamma(T-t)}z + 2\gamma(T-t) \right) \right) dz \\
&\quad - Ke^{-r(T-t)} \int_{z_0}^{\infty} f(z) dz \\
&= x \int_{z_0}^{\infty} \frac{1}{\sqrt{2\pi}} \exp\left(-\frac{1}{2}(z - \sqrt{2\gamma(T-t)})^2 \right) dz - Ke^{-r(T-t)} \Phi(-z_0)
\end{aligned}$$

$$= x\Phi(-z_0 + \sqrt{2\gamma(T-t)}) - Ke^{-r(T-t)}\Phi(-z_0),$$

其中 Φ 为标准正态分布函数. 令

$$d_\pm(t,x) = \frac{\ln\dfrac{x}{K} + (r \pm \gamma)(T-t)}{\sigma\sqrt{T-t}}.$$

容易解得 Black-Scholes 公式

$$\theta(t,x) = x\Phi(d_+(t,x)) - Ke^{-r(T-t)}\Phi(d_-(t,x)).$$

步骤 3: X_t 由 (4.5.1) 的第一个方程直接得到.

步骤 4: $Y_t = \theta(t, X_t)$, $Z_t = \sigma X_t \partial_x \theta(t, X_t)$.

4.6 练 习 题

1. 解方程

$$\begin{cases} dY_t = aY_t dt + Z_t dB_t, \\ Y_T = \xi, \end{cases}$$

其中 a 是常数.

2. 设 $\alpha, \beta \in L_{\mathbb{F}}^\infty$, $\xi \in L_{\mathcal{F}_T}^2$, 且 $f \in L_{\mathbb{F}}^2$. 证明以下 BSDE

$$Y_t = \xi + \int_t^T (\alpha_s Y_s + \beta Z_s + f_s)\, ds - \int_t^T Z_s dW_s$$

有唯一解.

3. 在上题中, 如果 $\xi \geqslant 0$ a.s. 且 $f_t \geqslant 0$ a.s., $\forall t$. 证明 $Y_t \geqslant 0$, $\forall t$ a.s..

4. 用四步法解 FBSDE

$$\begin{cases} dX_t = \dfrac{X_t}{(Z_t - Y_t)^2 + 1} dt + X_t dB_t, \\ dY_t = \dfrac{Z_t}{(Z_t - Y_t)^2 + 1} dt + Z_t dB_t, \\ X_0 = x, \quad Y_0 = g(X_T). \end{cases}$$

5. 说明 FBSDE

$$\begin{cases} dX_t = Y_t dt + X_t dB_t, \\ dY_t = -X_t dt + Z_t dB_t, \\ X_0 = x, \quad Y_0 = GX_T \end{cases}$$

没有适应解.

6. 设 (A) 对 f_i 成立. 令 (Y^i, Z^i) 是 BSDE

$$Y_t^i = \xi_i + \int_t^T f_i(t, Y_t^i, Z_t^i)dt - \int_t^T Z_t^i dB_t, \quad i = 1, 2.$$

设 $\xi_1 \geqslant \xi_2$ a.s., $f_1(t, y, z) \geqslant f_2(t, y, z)$ a.s.. 证明: $Y_t^1 \geqslant Y_t^2$.

7. 接上题. 设 $\xi_1 = \xi_2$ a.s.. $f_1(t, y, z) = f_2(t, y, z)$ a.s.. 证明: $Y_t^1 = Y_t^2$ a.s.. $Z_t^1 = Z_t^2$, $dt \times d\mathbb{P}$-a.e..

8. 设 (A) 对 f 成立. 证明: 对任意的 $0 \leqslant t_1 < t_2 \leqslant T$,

$$\mathbb{E}|Y_{t_1} - Y_{t_1}|^2 \leqslant C\mathbb{E}\left(\left(|\xi|^2 + \int_0^T |f(t, 0, 0)|^2 dt\right)(t_2 - t_1) + \int_{t_1}^{t_2} |Z_t|^2 dt\right).$$

9. 证明: 当假设 (A) 换为更弱的条件:

$$h(t, y_1, z) - h(t, y_2, z) \leqslant L|y_1 - y_2|^2,$$

BSDE (4.3.1) 有唯一解.

10. 证明 BSDE

$$Y_t = \xi + \int_t^T Y_s(1 - Y_s)ds - \int_t^T Z_s dB_s$$

存在唯一解 (Y, Z) 且 $\mathbb{E}\left(\int_0^T |Z_s|^2 ds\right)^{\frac{p}{2}} < \infty$, $p > 0$, $0 \leqslant Y_t \leqslant 1$ a.s..

11. 设 (A) 对 h 成立. 对每个 $n \in \mathbb{N}$, $\{Y_t^n, Z_t^n\}$ 是 BSDE

$$Y_t^n = \xi + \int_t^T h(Y_t^n, Z_t^n)ds + n\int_t^T (Y_s^n)^{-1}ds - \int_0^t Z_t^n dB_s,$$

令 $K_t^n = n\int_0^t (Y_s^n)^{-1}ds$.

(1) 证明: $Y_t^{n+1} \geqslant Y_t^n$, $0 \leqslant t \leqslant T$.

(2) 证明:

$$\sup_n \mathbb{E}\left(\sup_{0 \leqslant t \leqslant T} |Y_t^n|^2\right) < \infty.$$

(3) 证明: 存在过程 $\{Y_t, 0 \leqslant t \leqslant T\}$ 满足 $Y_t^n \to Y$ a.s., $t \in [0, T]$, 且

$$\mathbb{E}\left(\sup_{0 \leqslant t \leqslant T} |Y_t|^2\right) < \infty.$$

(4) 证明: $Y_t^n \geqslant \bar{Y}_t^n$, $\{\bar{Y}_t, 0 \leqslant t \leqslant T\}$ 为以下 BSDE 的解

$$\bar{Y}_t^n = \xi + \int_t^T h(\bar{Y}_t^n, \bar{Z}_t^n)ds - n\int_t^T \bar{Y}_s^n ds - \int_0^t \bar{Z}_t^n dB_s.$$

(5) 证明: $Y_t \geqslant 0$, $0 \leqslant t \leqslant T$, a.s. 且 $\sup_{0 \leqslant t \leqslant T}(Y_s^n)^{-1} \xrightarrow{L^2} 0$.

(6) 证明: 存在 $\{(X_t, Y_t, Z_t), 0 \leqslant t \leqslant T\}$ 满足

$$
\begin{cases}
①Y_t \text{ 连续}, Y_t \geqslant 0. \\
②K \text{ 连续递增}, \displaystyle\int_0^T Y_s dK_s = 0. \\
③\mathbb{E}\left(\displaystyle\int_0^T |Z_s|^2\right) < \infty. \\
④Y_t = \xi + \displaystyle\int_t^T h(Y_t, Z_t)ds + K_T - K_t - \int_0^T Z_s dB_s.
\end{cases}
$$

第 5 章　随 机 控 制

本章先通过两个例子介绍随机控制问题的基本框架, 再给出最优随机控制存在的一个充分条件. 之后介绍求解随机控制问题的两类常用方法: 随机最大值原理和动态规划原理, 以及两者之间的联系.

5.1　随机控制问题的实例与基本框架

在本节中, 我们通过两个实例介绍随机控制问题的基本框架. 最后我们给出最优随机控制存在的一个充分条件.

例 5.1.1 (制定生产计划)　设某产品的需求率过程为

$$Z_t = Z_0 + \int_0^t \xi_s ds + \int_0^t \sigma_s dW_s,$$

其中 ξ_t 为 t 时刻的平均需求率, $\int_0^t \sigma_s dW_s$ 是源于不确定性需求的波动.

工厂的目标: 根据需求变化情况调整生产率 u_t.

讨论: 令 X_t 为仓储水平. 则

$$\begin{cases} dX_t = (u_t - Z_t)dt, \\ dZ_t = \xi_t dt + \sigma_t dW_t, \\ X_0, \ Z_0 \ \text{给定}, \end{cases} \tag{5.1.1}$$

$x = 0$ 为过程 X_t 的反射边界.

在这个问题中, 通常会遇到以下约束条件: 其产能有界, 即

$$0 \leqslant u_t \leqslant K. \tag{5.1.2}$$

另外, 需求受以下条件限制:

$$\mathbb{E} \int_0^T Z_t dt \leqslant KT. \tag{5.1.3}$$

存储水平不能超过最大容量 b:

$$X_t \leqslant b. \tag{5.1.4}$$

消耗的期望为

$$J(u) = \mathbb{E}\left(\int_0^T e^{-rt} f(X_t, u_t)dt + e^{-rT} h(X_T)\right),$$

其中第一项为存储和生产的持续消耗总额, 第二项为最后剩余库存的惩罚, e^{-rt} 为折现因子.

目标: 选择合适的 u 使得 (5.1.1)—(5.1.4) 成立且 $J(u)$ 最小. ■

例 5.1.2(投资消费问题) 为简单起见, 假设投资者只投资一只股票和一只债券. 在 t 时刻债券的价格 P_t^0 满足常微分方程 (ODE):

$$\begin{cases} dP_t^0 = r_t P_t^0 dt, \\ P_0^0 = p_0 > 0, \end{cases} \tag{5.1.5}$$

其中 r_t 是利率.

股票价格过程 P_t^1 满足 SDE:

$$\begin{cases} dP_t^1 = P_t^1 \left(\mu_t dt + \sigma_t dW_t\right), \\ P_0^1 = p_1 > 0, \end{cases} \tag{5.1.6}$$

其中 μ_t 是收益率, σ_t 为波动率, W_t 是布朗运动.

注意股票是风险资产而债券是无风险资产.

非常自然的假设: $\mathbb{E}\mu_t > r_t > 0$ (否则无人会投资股票).

设 t 时刻的资产总额为 X_t, 同时设投资人买 N_t^i 份第 i 个资产, $i = 0, 1$, 则

$$X_t = N_t^0 P_t^0 + N_t^1 P_t^1.$$

令 C_t 为消费率. 于是, 在 $(t, t+\delta)$ 内的资产变化为

$$X_{t+\delta} - X_t \approx N_t^0(P_{t+\delta}^0 - P_t^0) + N_t^1(P_{t+\delta}^1 - P_t^1) - C_t\delta.$$

取 $\delta = dt$, 得

$$\begin{aligned} dX_t &= \sum_{i=0}^1 N_t^i dP_t^i - C_t dt \\ &= (r_t(X_t - u_t) + \mu_t u_t - C_t)\, dt + \sigma_t u_t dW_t, \end{aligned} \tag{5.1.7}$$

其中 $u_t = N_t^1 P_t^1$ 为 t 时刻投资在股票的金额. 该问题称作投资消费问题.

限制条件: 选取 u_t 和 C_t 使得

$$X_t \geqslant 0, \quad \forall\, t \in [0,T] \text{ a.s..} \tag{5.1.8}$$

目标: 最大化以下效用函数的期望, 即

$$J(u,C) = \mathbb{E}\left(\int_0^T e^{-rt}\phi(C_t)dt + e^{-rT}h(X_T) \right), \tag{5.1.9}$$

其中 $\phi(C_t)$ 是由消费产生的即时效用, $h(X_T)$ 是终端效用.

我们还可以限制卖空: $u_t \geqslant -L$, $\forall\, t \in [0,T]$ a.s. (若 $L=0$ 则为禁止卖空). ∎

受上例启发, 我们给出一般的随机控制问题的基本框架. 一个控制问题通常由一个受控状态方程和代价泛函构成. 注意例 5.1.2 中的效用函数可通过乘以 -1 变为损失函数. 这样目标变为最小化代价泛函. 控制过程在某个控制域中选取. 设状态方程为

$$\begin{cases} dX_t = b(t,X_t,u_t)dt + \sigma(t,X_t,u_t)dW_t, \\ X_0 = x_0, \end{cases} \tag{5.1.10}$$

其中 $(b,\sigma): [0,T]\times\mathbb{R}\times U \to \mathbb{R}^2$, U 是一个可分的距离空间, u_t 是控制过程, W_t 是布朗运动. 为记号方便, 设 X_t 为实值过程.

控制域:

$$\mathcal{U} = \left\{ u: [0,T]\times\Omega \to U \,\middle|\, u_t \text{ 是 } \mathcal{F}_t\text{-适应的} \right\}.$$

有时对状态加以限制:

$$X_t \in S_t, \quad \forall\, t \in [0,T] \quad \text{a.s.,} \tag{5.1.11}$$

其中 $S_t \subset \mathbb{R}$.

代价泛函通常包含运行成本和终端损失:

$$J(u) = \mathbb{E}\left(\int_0^T f(t,X_t,u_t)dt + h(X_T) \right). \tag{5.1.12}$$

定义 5.1.1　如果控制 u 满足

(i) $u \in \mathcal{U}$;

(ii) X 是 (5.1.10) 的唯一解;

(iii) 限制条件均被满足;

(iv) $f(\cdot,X_\cdot,u_\cdot) \in L^1_{\mathbb{F}}$, $h(X_T) \in L^1_{\mathcal{F}_T}$,

则称控制 u 为可允许的, 记 $u \in \mathcal{U}_{ad}$.

问题 (SS): 在 $u \in \mathcal{U}_{ad}$ 中最小化 $J(u)$.

目标: 找到 $\bar{u} \in \mathcal{U}_{ad}$ 使得

$$J(\bar{u}) = \inf_{u \in \mathcal{U}_{ad}} J(u). \tag{5.1.13}$$

定义 5.1.2 如果 (5.1.13) 的右端有限, 则称问题 (SS) 有限. 如果存在 $\bar{u}$ 使得 (5.1.13) 成立, 则称问题 (SS) 可解. 这样的 $\bar{u}$ 称为**最优控制**且 $(\bar{u}, \bar{X})$ 是最优对.

在众多随机控制问题中, 有一类问题的解通常可以显式给出. 它就是下面介绍的随机线性二次控制问题 (SLQ 问题). 其状态方程为线性 SDE:

$$\begin{cases} dX_t = (a_t X_t + b_t u_t)\, dt + (c_t X_t + d_t u_t)\, dW_t, \\ X_0 = x_0, \end{cases}$$

代价泛函为

$$J(u) = \mathbb{E}\left(\frac{1}{2} \int_0^T (q_t X_t^2 + r_t u_t^2) dt + \frac{1}{2} g X_T^2 \right),$$

其中 $a_t, b_t, c_t, d_t, q_t, r_t, g$ 非随机. 这类问题在 5.3 节会专门讲解.

最后, 我们考虑一类特殊的随机控制问题. 其状态方程为以下线性 SDE:

$$\begin{cases} dX_t = (a_t X_t + b_t u_t)\, dt + (c_t X_t + d_t u_t)\, dW_t, \\ X_0 = x_0. \end{cases} \tag{5.1.14}$$

令 $U \subset \mathbb{R}^k$ 且

$$\mathcal{U}[0, T] = \{u \in L_{\mathbb{F}}^2 : u_t \in U \text{ a.s.}\},$$

代价泛函为

$$J(u) = \mathbb{E}\left(\int_0^T f(X_t, u_t) dt + h(X_T) \right). \tag{5.1.15}$$

假设:

(H1) $U \subset \mathbb{R}^k$ 为闭凸集; f, h 为凸函数且 $\exists\, \delta,\, K > 0$ 使得

$$f(x, u) \geqslant \delta |u|^2 - K, \quad h(x) \geqslant -K, \quad \forall\, (x, u) \in \mathbb{R} \times U. \tag{5.1.16}$$

或 (H2) $U \subset \mathbb{R}^k$ 为紧凸集; $f,\, h$ 为凸函数.

这样的问题称为随机线性凸问题.

定理 5.1.3　在假设 (H1) 或 (H2) 下, 若控制问题有限, 则随机最优控制存在.

证明　设 (H1) 成立. 令 (u^j, X^j) 为最小化序列, 即

$$\lim_{j\to\infty} J(u^j) = \inf_{u\in\mathcal{U}} J(u).$$

对任意的 $\epsilon > 0$, 存在 J 使得当 $j > J$ 时,

$$J(u^j) < \inf_{u\in\mathcal{U}} J(u) + \epsilon.$$

由 (5.1.16) 可得

$$K_1 \geqslant \mathbb{E}\left(\int_0^T f(X_t^j, u_t^j)dt + h(X_T^j)\right) \geqslant \delta\mathbb{E}\int_0^T |u_t^j|^2 dt - K_2.$$

所以

$$\mathbb{E}\int_0^T |u_t^j|^2 dt \leqslant K_3.$$

换言之, $\{u^j\}$ 在 Hilbert 空间 $L_{\mathbb{F}}^2$ 中有界. 需要的话取子列, 可以假设在 $L_{\mathbb{F}}^2$ 中弱收敛的意义下有 $u^j \to u$. 由 Mazur 定理, 有一列凸组合

$$\tilde{u}^j = \sum_{i=1}^\infty \alpha_{ij} u^{i+j}, \quad \alpha_{ij} \geqslant 0, \quad \sum_{i=1}^\infty \alpha_{ij} = 1$$

使得在 $L_{\mathbb{F}}^2$ 中 $\tilde{u}^j \to \bar{u}$, 且为强收敛. 因 U 为闭凸集, $\bar{u} \in \mathcal{U}_{ad}$. 另一方面, 令 $\tilde{X}^j$ 是控制 $\tilde{u}^j$ 对应的状态. 则在 $L_{\mathbb{F}}^2(\Omega, C[0,T])$ 中 $\tilde{X}^j \to \bar{X}$ 且为强收敛. 因此,

$$J(\bar{u}) = \lim_{j\to\infty} J(\tilde{u}^j) \leqslant \lim_{j\to\infty} \sum_{i=1}^\infty \alpha_{ij} J(u^{i+j}) \leqslant \inf_{u\in\mathcal{U}} J(u) + \epsilon.$$

由 ϵ 的任意性可知 $\bar{u}$ 为最优. ■

5.2　随机最大值原理

注意到随机控制问题可看作变量为随机过程的函数的最小 (最大) 值问题. 状态方程可看作约束条件. 下面我们通过借助数学分析中求条件极值的方法说明这类问题的解法.

例 5.2.1　设 f 为实值函数. 在 $g(x) = 0$ 的条件下找 f 的极小值.

解 令

$$h(x, \lambda) = \lambda g(x) - f(x). \tag{5.2.1}$$

对 x 求偏导数,

$$\partial_x h(x, \lambda) = \lambda g'(x) - f'(x) = 0.$$

解出 λ 并代入 (5.2.1). 于是问题变为无约束的最大值问题. 即找出 $\bar{x}$ 使得

$$h(\bar{x}, \lambda(\bar{x})) = \sup_x h(x, \lambda(x)).$$

注释 5.2.2 如果 g 是 k 维函数, 则我们有 k 个约束条件. 这种情况下我们需要 k 个对偶变量 $\lambda_1, \lambda_2, \cdots, \lambda_k$.

现在回到随机控制问题. 设状态方程为

$$\begin{cases} dX_t = b(X_t, v_t)dt + \sigma(X_t, v_t)dW_t, & t \in [0, T], \\ X_0 = a. \end{cases} \tag{5.2.2}$$

代价泛函为

$$J(v) = \mathbb{E}\left(\int_0^T f(X_t, v_t)dt + h(X_T)\right). \tag{5.2.3}$$

假设:

(S0) $\mathcal{F}_t = \sigma(W_s,\ s \leqslant t)$.

(S1) U 是 $\mathbb{R}$ 的凸子集. 令 $U = [a, b]$.

(S2) 函数 b, σ, $f: \mathbb{R} \times U \to \mathbb{R}$, $h: \mathbb{R} \to \mathbb{R}$ 均属于 C^1 且偏导有界.

令

$$\mathcal{U} = \{u:\ [0, T] \times \Omega \to U,\ u_t \text{ 是 } \mathcal{F}_t\text{-适应的}\}.$$

问题 (S): 在 $u \in \mathcal{U}$ 中最小化 (5.2.3) 定义的代价泛函 $J(u)$.

注意到状态方程由扩散项和漂移项决定. 因此, 有两个约束条件, 从而需要两个对偶变量过程, 记为 p_t 和 q_t. 受例 5.2.1 以及注释 5.2.2 的启发, 猜想需定义 Hamilton 泛函:

$$H(x, u, p, q) = b(x, u)p + \sigma(x, u)q - f(x, u). \tag{5.2.4}$$

状态方程可重新写为

$$\begin{cases} dX_t = \partial_p H(X_t, u_t, p_t, q_t)dt + \partial_q H(X_t, u_t, p_t, q_t)dW_t, & t \in [0, T], \\ X_0 = a. \end{cases}$$

定义伴随方程:

$$\begin{cases} dp_t = -\partial_x H(X_t, u_t, p_t, q_t)dt + q_t dW_t, \\ p_T = -h'(X_T). \end{cases} \tag{5.2.5}$$

状态和伴随方程构成了一个 Hamilton 系统.

关于最大值原理的系统性研究始于 Pontryagin 学派 (参见 [1], [2]). 对随机最大值原理的研究始于 Kushner 的工作 (参见 [3]—[5]). 关于控制域非凸但扩散系数依赖于控制的情况, 彭实戈院士做出了突破性的工作 (参见 [8]). 我们称下面的定理为 Pontryagin 最大值原理.

定理 5.2.3 (随机最大值原理) 如果 (u_t, X_t) 是最优对, 则存在一对过程 (p_t, q_t) 满足 (5.2.5) 和

$$\partial_u H(X_t, u_t, p_t, q_t) \begin{cases} = 0, & u_t \in (a, b), \\ \leqslant 0, & u_t = a, \\ \geqslant 0, & u_t = b. \end{cases} \tag{5.2.6}$$

本节最后, 我们给出随机最大值原理的证明.

设 (u_t, X_t) 是最优对. 令 v_t 使得 $u_t + v_t \in \mathcal{U}$. 记 $u_t^\epsilon = u_t + \epsilon v_t$ 且 X^ϵ 是控制 u^ϵ 对应的状态. 则

$$\begin{cases} dX_t = b(X_t, u_t)dt + \sigma(X_t, u_t)dW_t, \\ X_0 = a \end{cases} \tag{5.2.7}$$

和

$$\begin{cases} dX_t^\epsilon = b(X_t^\epsilon, u_t^\epsilon)dt + \sigma(X_t^\epsilon, u_t^\epsilon)dW_t, \\ X_0^\epsilon = a. \end{cases} \tag{5.2.8}$$

引理 5.2.4 *存在常数 K 使得*

$$\sup_{t \leqslant T} \mathbb{E}|X_t^\epsilon - X_t|^2 \leqslant K\epsilon^2.$$

证明 令 $\xi_t^\epsilon = X_t^\epsilon - X_t$. 由中值定理可知, 存在介于 $(X_t^\epsilon, u_t^\epsilon)$ 和 (X_t, u_t) 之间的向量 θ_t^ϵ 使得

$$b(X_t^\epsilon, u_t^\epsilon) - b(X_t, u_t) = \partial_x b(\theta_t^\epsilon)\xi_t^\epsilon + \epsilon\partial_u b(\theta_t^\epsilon)v_t.$$

σ 可以类似地表示. 注意到 σ 中的 θ_t^ϵ 可以与 b 中的不同. 为表达简单, 我们采用同样的记号. 于是

$$d\xi_t^\epsilon = (\partial_x b(\theta_t^\epsilon)\xi_t^\epsilon + \epsilon\partial_u b(\theta_t^\epsilon)v_t)\, dt + (\partial_x \sigma(\theta_t^\epsilon)\xi_t^\epsilon + \epsilon\partial_u \sigma(\theta_t^\epsilon)v_t)\, dW_t,$$

且 $\xi_0^\epsilon = 0$. 由 BDG 不等式得

$$\mathbb{E}|\xi_t^\epsilon|^2 \leqslant 2T \int_0^t \mathbb{E}|\partial_x b(\theta_s^\epsilon)\xi_s^\epsilon + \epsilon \partial_u b(\theta_s^\epsilon)v_s|^2 ds$$

$$+ 2 \int_0^t \mathbb{E}|\partial_x \sigma(\theta_s^\epsilon)\xi_s^\epsilon + \epsilon \partial_u \sigma(\theta_s^\epsilon)v_s|^2 ds$$

$$\leqslant K_1 \int_0^t \mathbb{E}|\xi_s^\epsilon|^2 ds + K_2 \epsilon^2.$$

由 Gronwall 不等式可得结论. ∎

下面证明

$$\lim_{\epsilon \to 0} \frac{X_t^\epsilon - X_t}{\epsilon} = Y_t$$

存在, 且找出 Y_t 的刻画. 对方程 (5.2.8) 两端关于 ϵ 形式上在 0 点求导, 应该有

$$\begin{cases} dY_t = (\partial_x b(X_t, u_t)Y_t + \partial_u b(X_t, u_t)v_t) \, dt \\ \qquad + (\partial_x \sigma(X_t, u_t)Y_t + \partial_u \sigma(X_t, u_t)v_t) \, dW_t, \\ Y_0 = 0. \end{cases}$$

显然, 以上方程有唯一解且其二阶矩有界.

令

$$Z_t^\epsilon = \epsilon^{-1}\xi_t^\epsilon - Y_t.$$

引理 5.2.5

$$\lim_{\epsilon \to 0} \int_0^T \mathbb{E}|Z_t^\epsilon|^2 dt = 0.$$

证明 注意到 $Z_0^\epsilon = 0$ 且

$$dZ_t^\epsilon = b_t^\epsilon dt + \sigma_t^\epsilon dW_t,$$

其中

$$b_t^\epsilon = \epsilon^{-1}\left(b(X_t^\epsilon, u_t^\epsilon) - b(X_t, u_t)\right) - (\partial_x b(X_t, u_t)Y_t + \partial_u b(X_t, u_t)v_t)$$

$$= \partial_x b(X_t, u_t)Z_t^\epsilon + \tilde{b}_t^\epsilon,$$

又

$$\tilde{b}_t^\epsilon = (\partial_x b(\theta_t^\epsilon) - \partial_x b(X_t, u_t)) \, \epsilon^{-1}\xi_t^\epsilon + (\partial_u b(\theta_t^\epsilon) - \partial_u b(X_t, u_t)) \, v_t.$$

σ_t^ϵ 也类似表示. 这里的 θ_t^ϵ 可以与引理 5.2.4 的不同, 但仍介于 $(X_t^\epsilon, u_t^\epsilon)$ 与 (X_t, u_t) 之间. 于是

$$\mathbb{E}|Z_t^\epsilon|^2 \leqslant K \int_0^t \mathbb{E}|Z_s^\epsilon|^2 ds + K_\epsilon,$$

其中

$$K_\epsilon = K_1 \int_0^T \mathbb{E}\left(|\tilde{b}_t^\epsilon|^2 + |\tilde{\sigma}_t^\epsilon|^2\right) dt \to 0.$$

由 Gronwall 不等式可得结论成立. ∎

注意到

$$X_t^\epsilon = X_t + \epsilon Y_t + o(\epsilon).$$

现在展开代价泛函如下:

$$
\begin{aligned}
J(u^\epsilon) - J(u) &= \mathbb{E}\left(\int_0^T f(X_t^\epsilon, u_t^\epsilon)dt + h(X_T^\epsilon)\right) - J(u) \\
&= \mathbb{E}\left(\int_0^T \left(\partial_x f(\theta_t^\epsilon)\xi_t^\epsilon + \partial_u f(\theta_t^\epsilon)\epsilon v_t\right) dt + h'(\eta^\epsilon)\xi_T^\epsilon\right).
\end{aligned}
$$

注意此处的 θ_t^ϵ 可以与前面出现过的 θ_t^ϵ 不同, 但它仍在 $(X_t^\epsilon, u_t^\epsilon)$ 与 (X_t, u_t) 之间. 因此, 当 $\epsilon \to 0$ 时,

$$
\begin{aligned}
0 \leqslant \ &\epsilon^{-1}\left(J(u^\epsilon) - J(u)\right) \\
&= \mathbb{E}\left(\int_0^T \left(\partial_x f(\theta_t^\epsilon)\epsilon^{-1}\xi_t^\epsilon + \partial_u f(\theta_t^\epsilon)v_t\right) dt + h'(\eta^\epsilon)\epsilon^{-1}\xi_T^\epsilon\right) \\
&\to \mathbb{E}\left(\int_0^T \left(\partial_x f(X_t, u_t)Y_t + \partial_u f(X_t, u_t)v_t\right) dt + h'(X_T)Y_T\right). \quad (5.2.9)
\end{aligned}
$$

我们需要统一上面的两项, 即将 $\mathbb{E}h'(X_T)Y_T$ 转化成 $\mathbb{E}\int_0^T \cdots dt$ 的形式. 设 p_t 为随机过程, 满足 $p_T = -h'(X_T)$ 且

$$dp_t = \alpha_t dt + q_t dW_t,$$

其中 α_t 稍后确定 (虽然在定理 5.2.3 之前我们已猜到其形式, 但现在不依赖这一猜测). 由 Itô 公式得

$$
\begin{aligned}
d(p_t Y_t) = &p_t \left(\partial_x b(X_t, u_t)Y_t + \partial_u b(X_t, u_t)v_t\right) dt \\
&+ p_t \left(\partial_x \sigma(X_t, u_t)Y_t + \partial_u \sigma(X_t, u_t)v_t\right) dW_t
\end{aligned}
$$

$$+ Y_t\alpha_t dt + Y_t q_t dW_t + q_t\left(\partial_x\sigma(X_t, u_t)Y_t + \partial_u\sigma(X_t, u_t)v_t\right)dt.$$

两端积分, 再取期望得

$$-\mathbb{E}\left(h'(X_T)Y_T\right) = \mathbb{E}\int_0^T \left(p_t\partial_x b(X_t, u_t) + q_t\partial_x\sigma(X_t, u_t) + \alpha_t\right)Y_t dt$$

$$+ \mathbb{E}\int_0^T \left(p_t\partial_u b(X_t, u_t) + q_t\partial_u\sigma(X_t, u_t)\right)v_t dt.$$

代入到 (5.2.9) 得

$$0 \leqslant -\mathbb{E}\int_0^T \left(p_t\partial_x b(X_t, u_t) + q_t\partial_x\sigma(X_t, u_t) + \alpha_t - \partial_x f(X_t, u_t)\right)Y_t dt$$

$$- \mathbb{E}\int_0^T \left(p_t\partial_u b(X_t, u_t) + q_t\partial_u\sigma(X_t, u_t) - \partial_u f(X_t, u_t)\right)v_t dt.$$

为使第一项为 0, 令

$$\alpha_t = -p_t\partial_x b(X_t, u_t) - q_t\partial_x\sigma(X_t, u_t) + \partial_x f(X_t, u_t)$$

$$= -\partial_x H(X_t, u_t, p_t, q_t).$$

于是

$$0 \leqslant -\mathbb{E}\int_0^T \partial_u H(X_t, u_t, p_t, q_t)v_t dt.$$

由 $\tilde{u}_t = v_t + u_t \in \mathcal{U}$ 的任意性, 得 $\partial_u H(X_t, u_t, p_t, q_t) = 0$ 当 $a < u_t < b$ 时成立. 当 $u_t = a$, 则 $v_t \geqslant 0$ 任意, 因此 $\partial_u H(X_t, u_t, p_t, q_t) \leqslant 0$. $u_t = b$ 的情况类似. 于是证明了随机最大值原理. ■

5.3 线性二次控制问题

本节把随机最大值原理应用到随机线性二次控制问题. 假设控制域 $U = \mathbb{R}$. 回忆状态方程

$$\begin{cases} dX_t = (A_t X_t + B_t u_t + b_t)dt + (C_t X_t + D_t u_t + \sigma_t)dW_t, \\ X_0 = y \end{cases}$$

和代价泛函

$$J(u) = \mathbb{E}\left\{\frac{1}{2}\int_0^T (Q_t X_t^2 + 2S_t X_t u_t + R_t u_t^2)dt + \frac{1}{2}G X_T^2\right\}.$$

与一般的控制问题比较, 有

$$
\begin{cases}
b(t,x,u) = A_t x + B_t u + b_t, \\
\sigma(t,x,u) = C_t x + D_t u + \sigma_t, \\
f(t,x,u) = \dfrac{1}{2}(Q_t x^2 + 2 S_t x u + R_t u^2), \\
h(x) = \dfrac{1}{2} G x^2.
\end{cases}
$$

该情况下 Hamilton 泛函为

$$
H(t,x,u,p,q) = p b(t,x,u) + q \sigma(t,x,u) - f(t,x,u).
$$

求导可得

$$
\partial_x H(t, X_t, u_t, p_t, q_t) = A_t p_t + C_t q_t - Q_t X_t - S_t u_t.
$$

因此, 伴随方程为

$$
\begin{cases}
dp_t = -(A_t p_t + C_t q_t - Q_t X_t - S_t u_t)dt + q_t dW_t, \\
p_T = -G X_T.
\end{cases}
\tag{5.3.1}
$$

下面的定理由定理 5.2.3 直接导出.

定理 5.3.1 设 (SLQ) 是可解的, 并记其对应的最优对为 (u_t, X_t). 则 (5.3.1) 有解, 且满足

$$
R_t u_t - B_t p_t - D_t q_t + S_t X_t = 0.
\tag{5.3.2}
$$

现在的问题是如何求解耦合的 FBSDE:

$$
\begin{cases}
dX_t = (A_t X_t + B_t u_t + b_t)dt + (C_t X_t + D_t u_t + \sigma_t)dW_t, \\
dp_t = -(A_t p_t + C_t q_t - Q_t X_t - S_t u_t)dt + q_t dW_t, \\
X_0 = y, \quad p_T = -G X_T, \\
R_t u_t - B_t p_t - D_t q_t + S_t X_t = 0.
\end{cases}
\tag{5.3.3}
$$

由正倒向方程的理论可知 (5.3.3) 的解存在唯一. 为解此方程, 我们先猜其形式. 受 $p_T = -G X_T$ 的启发, 猜想

$$
p_t = -P_t X_t - \varphi_t, \quad P_T = G, \quad \varphi_T = 0,
\tag{5.3.4}
$$

其中 P_t 和 φ_t 均为非随机函数.

对 p_t 运用 Itô 公式,

$$
dp_t = -\dot{P}_t X_t dt - P_t dX_t - \dot{\varphi}_t dt
$$

$$= -\Big(\dot{P}_t X_t + \dot{\varphi}_t + P_t(A_t X_t + B_t u_t + b_t) \Big) dt$$
$$- P_t(C_t X_t + D_t u_t + \sigma_t) dW_t, \tag{5.3.5}$$

其中 $\dot{P}_t$ 为非随机函数 P_t 的导数.

与方程 (5.3.3) 比较可知

$$q_t = -P_t(C_t X_t + D_t u_t + \sigma_t) \tag{5.3.6}$$

和

$$A_t p_t + C_t q_t - Q_t X_t - S_t u_t = \dot{P}_t X_t + \dot{\varphi}_t + P_t(A_t X_t + B_t u_t + b_t).$$

将 (5.3.4), (5.3.6) 代入上式得

$$0 = \dot{P}_t X_t + \dot{\varphi}_t + P_t(A_t X_t + B_t u_t + b_t) - A_t p_t - C_t q_t + Q_t X_t + S_t u_t$$
$$= (\dot{P}_t + 2A_t P_t + C_t^2 P_t + Q_t)X_t$$
$$+ (B_t P_t + S_t + C_t D_t P_t)u_t + A_t \varphi_t + C_t \sigma_t P_t + b_t P_t + \dot{\varphi}_t. \tag{5.3.7}$$

将 (5.3.4), (5.3.6) 代入 (5.3.2) 得

$$(R_t + D_t^2 P_t)u_t + ((B_t + C_t D_t)P_t + S_t)X_t + B_t \varphi_t + \sigma_t D_t P_t = 0. \tag{5.3.8}$$

设 $R_t + D_t^2 P_t$ 可逆, 则

$$u_t = -(R_t + D_t^2 P_t)^{-1}((B_t + C_t D_t)P_t + S_t)X_t$$
$$- (R_t + D_t^2 P_t)^{-1}(B_t \varphi_t + \sigma_t D_t P_t). \tag{5.3.9}$$

将 (5.3.9) 代入 (5.3.7), 令 X_t 前的系数为 0, 得到 Riccati 方程

$$\begin{cases} -\dot{P}_t = (2A_t + C_t^2)P_t + Q_t \\ \qquad\quad - ((B_t + C_t D_t)P_t + S_t)^2 (R_t + D_t^2 P_t)^{-1}, \\ P_T = G \end{cases} \tag{5.3.10}$$

和线性 ODE

$$\begin{cases} -\dot{\varphi}_t = (A_t - B_t(R_t + D_t^2 P_t)^{-1}((B_t + C_t D_t)P_t + S_t))\varphi_t \\ \qquad\quad + (C_t - D_t(R_t + D_t^2 P_t)^{-1}((B_t + C_t D_t)P_t + S_t))P_t \sigma_t \\ \qquad\quad + P_t b_t, \\ \varphi_T = 0. \end{cases} \tag{5.3.11}$$

注释 5.3.2 解 ODE (5.3.10) 和 (5.3.11) 得到 P_t 和 φ_t, 然后将 (5.3.9) 代入状态方程得到 X_t 满足的线性 SDE. 所以, (SLQ) 的最优控制原则上可以显式解出.

5.4　动态规划原理的基本框架

回顾我们之前介绍过的随机控制问题. 状态方程为

$$\begin{cases} dX_t = b(X_t, v_t)dt + \sigma(X_t, v_t)dW_t, & t \in [0, T], \\ X_0 = a, \end{cases} \tag{5.4.1}$$

代价泛函为

$$J(v) = \mathbb{E}\left(\int_0^T f(X_t, v_t)dt + h(X_T)\right). \tag{5.4.2}$$

假设:

(S0) $\mathcal{F}_t = \sigma(W_s, \ s \leqslant t)$,

(S1) $U = [a, b]$,

(S2) b, σ, $f: \mathbb{R} \times U \to \mathbb{R}$, $h: \mathbb{R} \to \mathbb{R}$ 满足

$$|\phi(x, u)| \leqslant K(1 + |x|) \quad \text{和} \quad |\phi(x, u) - \phi(y, u)| \leqslant K|x - y|,$$

对任意的 x, $y \in \mathbb{R}$, $u \in U$ 以及 $\phi = b$, σ, f, h 均成立.

令

$$\mathcal{U} = \{u: \ [0, T] \times \Omega \to U, \ u \text{ 是 } \mathcal{F}_t\text{-适应的}\}.$$

在本节中, 我们将初始时间和状态记为 $(s, x) \in [0, T] \times \mathbb{R}$. 换言之, 状态方程为

$$\begin{cases} dX_t = b(X_t, v_t)dt + \sigma(X_t, v_t)dW_t, & t \in [s, T], \\ X_s = x, \end{cases} \tag{5.4.3}$$

代价泛函为

$$J(s, x; v) = \mathbb{E}\left(\int_s^T f(X_t, v_t)dt + h(X_T)\right). \tag{5.4.4}$$

在此情况下, 允许控制集为

$$\mathcal{U}[s, T] = \{u: [s, T] \times \Omega \to U\}.$$

对每个 (s, x), 寻找 $u \in \mathcal{U}[s, T]$ 满足

$$V(s, x) \equiv J(s, x; u) = \inf_{v \in \mathcal{U}[s, T]} J(s, x; v).$$

V 称作最优控制问题的值函数.

注释 5.4.1　• 如果 $(s, x) = (0, a)$, 我们得到最初控制问题的解.

• $V(T, x) = h(x)$.

下面我们讨论值函数的基本性质.

命题 5.4.2　存在常数 K 使得对任意 $(s, x), (r, y) \in [0, T] \times \mathbb{R}$, 有

$$|V(s, x)| \leqslant K(1 + |x|)$$

和

$$|V(s, x) - V(r, y)| \leqslant K \left(|x - y| + (1 + |x| \vee |y|)|s - r|^{1/2} \right).$$

证明　注意到

$$
\begin{aligned}
\mathbb{E} \left(\sup_{t \leqslant r} |X_t| \right) &\leqslant |x| + \mathbb{E} \int_s^r K(1 + |X_t|) dt + K \mathbb{E} \left(\int_s^r (1 + |X_t|)^2 dt \right)^{1/2} \\
&\leqslant |x| + \mathbb{E} \int_s^r K(1 + |X_t|) dt \\
&\quad + K \mathbb{E} \left(\sup_{t \leqslant r} (1 + |X_t|) \int_s^r (1 + |X_t|) dt \right)^{1/2} \\
&\leqslant |x| + K_1 \mathbb{E} \int_s^r (1 + |X_t|) dt + \frac{1}{2} \mathbb{E} \sup_{t \leqslant r} (1 + |X_t|).
\end{aligned}
$$

因此

$$\mathbb{E} \left(\sup_{t \leqslant r} |X_t| \right) \leqslant K_2 (1 + |x|) + 2 K_1 \int_s^r \mathbb{E} \left(\sup_{a \leqslant t} |X_a| \right) dt.$$

由 Gronwall 不等式得

$$\mathbb{E} \left(\sup_{t \leqslant T} |X_t| \right) \leqslant K_3 (1 + |x|).$$

由 f 和 h 的线性增长性, 我们得到 V 的第一个估计.

另一方面, 令 Y_t 是 (5.4.3) 初值为 (r, y) 的解. 设 $t > r > s$. 那么

$$
\begin{aligned}
f(t) &\equiv \mathbb{E} \left(\sup_{r \leqslant a \leqslant t} |X_a - Y_a| \right) \\
&\leqslant |x - y| + \mathbb{E} \int_s^r K(1 + |X_a|) da + \mathbb{E} \int_r^t K|X_a - Y_a| da \\
&\quad + \mathbb{E} \left| \int_s^r \sigma(X_a, v_a) dW_a \right| + K \mathbb{E} \left(\int_r^t |X_a - Y_a|^2 da \right)^{1/2}
\end{aligned}
$$

$$\leqslant |x-y| + K_1(1+|x|)(r-s) + K_2\mathbb{E}\int_r^t |X_a - Y_a|da$$

$$+ K_3\mathbb{E}\left(\int_s^r (1+|X_a|)^2da\right)^{1/2} + \frac{1}{2}\mathbb{E}\left(\sup_{r\leqslant a\leqslant t}|X_a - Y_a|\right)$$

$$\leqslant |x-y| + K_1(1+|x|)(r-s) + K_2\int_r^t f(a)da$$

$$+ K_3(1+|x|)\sqrt{r-s} + \frac{1}{2}f(t).$$

整理可得

$$f(t) \leqslant K_4(|x-y| + (1+|x|)\sqrt{r-s}) + 2K_2\int_r^t f(a)da.$$

由 Gronwall 不等式得

$$\mathbb{E}\sup_{r\leqslant a\leqslant t}|X_a - Y_a| \leqslant K_5(|x-y| + (1+|x|)\sqrt{r-s}).$$

下面考虑损失函数. 注意到

$$|J(s,x;v) - J(r,y;v)|$$

$$\leqslant \mathbb{E}\int_s^r |f(X_t,v_t)|dt + \mathbb{E}\int_r^T |f(X_t,v_t) - f(Y_t,v_t)|dt + \mathbb{E}|h(X_T) - h(Y_T)|$$

$$\leqslant (r-s)K\mathbb{E}\left(1 + \sup_{t\leqslant T}|X_t|\right) + \int_r^T \mathbb{E}|X_t - Y_t|dt + K\mathbb{E}|X_T - Y_T|$$

$$\leqslant K_6(|x-y| + (1+|x|)\sqrt{r-s}).$$

记上式右端为 a, 则

$$V(s,x) - J(r,y;v) \leqslant J(s,x;v) - J(r,y;v) \leqslant a.$$

对 v 取上确界得

$$V(s,x) - V(r,y) \leqslant a.$$

另一方面, 平行地有

$$-a \leqslant J(s,x;v) - J(r,y;v) \leqslant J(s,x;v) - V(r,y).$$

对 v 取下确界可得

$$-a \leqslant V(s,x) - V(r,y).$$

因此,

$$|V(s,x) - V(r,y)| \leqslant K_7(|x - y| + (1 + |x|)\sqrt{r - s}).$$

$s > r$ 的情形可由对称性得到. ∎

记方程 (5.4.3) 的解为 $X_t = X(t; s, x, u)$.

引理 5.4.3 令 $\bar{s} \in (s, T]$, ξ 为 $\mathcal{F}_{\bar{s}}$-可测的随机变量. 那么, 对任意的 $v \in \mathcal{U}[s, T]$,

$$J(\bar{s}, \xi; v) = \mathbb{E}\left(\int_{\bar{s}}^T f(X(t; \bar{s}, \xi, v), v_t)dt + h(X(T; \bar{s}, \xi, v))\Big|\mathcal{F}_{\bar{s}}\right). \qquad (5.4.5)$$

证明 因为 v_t 关于 $\mathcal{F}_t = \mathcal{F}_t^W$ 可测, 它必为 $W_{\cdot \wedge t}$ 的泛函. 因此, $v_t = \psi(t, W_{\cdot \wedge t})$, 其中 ψ 是某个确定性的函数. 那么, SDE (5.4.3) 可写为

$$\begin{cases} dX_t = b(X_t, \psi(t, W_{\cdot \wedge t}))dt + \sigma(X_t, \psi(t, W_{\cdot \wedge t}))dW_t, & t \in [\bar{s}, T], \\ X_{\bar{s}} = \xi. \end{cases} \qquad (5.4.6)$$

以上方程有唯一强解.

令 $\tilde{W}_t = W_t - W_{\bar{s}}$. 当 $t \geqslant \bar{s}$ 时 $\tilde{W}_t$ 是布朗运动. 那么

$$v_t = \psi(t, \tilde{W}_{\cdot \wedge t} + W_{\bar{s}}).$$

因此, 给定 $\mathcal{F}_{\bar{s}}$, v 可看成是布朗运动 $\tilde{W}$ 在区间 $[\bar{s}, T]$ 上的可允许控制, 而 $W_{\bar{s}}$ 可看成是非随机的. 等式 (5.4.5) 由此得证. ∎

5.5 动态规划原理和 HJB 方程

本节讨论动态规划原理及由其导出的 HJB(Hamilton-Jacobi-Bellman) 方程.

定理 5.5.1 (动态规划原理) 对任意的 $(s, x) \in [0, T] \times \mathbb{R}$ 和 $\bar{s} \in [s, T]$, 有下式成立:

$$V(s, x) = \inf_{v \in \mathcal{U}[s, \bar{s}]} \mathbb{E}\left(\int_s^{\bar{s}} f(X_t, v_t)dt + V(\bar{s}, X_{\bar{s}})\right). \qquad (5.5.1)$$

证明 记 (5.5.1) 右端为 $\bar{V}(s, x)$. 对任意的 $\epsilon > 0$, 令 $v \in \mathcal{U}$ 满足

$$V(s, x) + \epsilon > J(s, x; v)$$

$$= \mathbb{E}\left(\int_s^{\bar{s}} f(X_t, v_t)dt + \int_{\bar{s}}^T f(X_t, v_t)dt + h(X_T)\right)$$

$$= \mathbb{E}\left(\int_s^{\bar{s}} f(X_t, v_t)dt + \mathbb{E}\left(\int_{\bar{s}}^T f(X_t, v_t)dt + h(X_T)\Big|\mathcal{F}_{\bar{s}}\right)\right)$$

$$= \mathbb{E}\left(\int_s^{\bar{s}} f(X_t, v_t)dt + J(\bar{s}, X(\bar{s}; s, x, v); v)\right)$$

$$\geqslant \mathbb{E}\left(\int_s^{\bar{s}} f(X_t, v_t)dt + V(\bar{s}, X_{\bar{s}})\right) \geqslant \bar{V}(s, x).$$

由 ϵ 的任意性, 得到 $V(s, x) \geqslant \bar{V}(s, x)$.

由命题 5.4.2 及其证明, $\forall \epsilon > 0$, $\exists \delta = \delta(\epsilon) > 0$, 只要 $|x - y| < \delta$, 我们有

$$|J(r, x; v) - J(r, y; v)| + |V(r, x) - V(r, y)| \leqslant \epsilon, \quad \forall\, v \in \mathcal{U}[r, T].$$

令 $\{D_j\}_{j \geqslant 1}$ 是 $\mathbb{R}$ 的一个使得每个 D_j 的直径小于 δ 的划分. 在某个包含布朗运动 W^j 的随机基上选取 $x_j \in D_j$ 和 $v_j \in \mathcal{U}[r, T]$ 使得

$$J(r, x_j; v_j) \leqslant V(r, x_j) + \epsilon.$$

当 $x \in D_j$, 我们有

$$J(r, x; v_j) \leqslant J(r, x_j; v_j) + \epsilon \leqslant V(r, x_j) + 2\epsilon \leqslant V(r, x) + 3\epsilon.$$

注意到对某个非随机泛函 ψ_j,

$$v_j(t) = \psi_j(t, W^j_{\cdot \wedge t}), \quad t \in [\bar{s}, T].$$

令 v 是包含布朗运动 W 的随机基上的随机控制, 对应的状态过程为 $X_t = X(t; s, x, v)$. 定义新的控制如下

$$\tilde{v}_t = \begin{cases} v_t, & t \in [s, \bar{s}), \\ \psi_j(t, W_{\cdot \wedge t} - W_{\bar{s}}), & t \in [\bar{s}, T] \text{ 且 } X_t \in D_j. \end{cases}$$

那么, $\tilde{v} \in \mathcal{U}[s, T]$ 且

$$V(s, x) \leqslant J(s, x; \tilde{v})$$

$$= \mathbb{E}\left(\int_s^T f(X(t; s, x, \tilde{v}), \tilde{v}_t)dt + h(X(T; s, x, \tilde{v}))\right)$$

$$= \mathbb{E}\left(\int_s^{\bar{s}} f(X(t; s, x, \tilde{v}), \tilde{v}_t)dt \right.$$

$$\left. + \mathbb{E}\left(\int_{\bar{s}}^T f(X(t; s, x, \tilde{v}), \tilde{v}_t)dt + h(X(T; s, x, \tilde{v}))\Big|\mathcal{F}_{\bar{s}}\right)\right)$$

$$= \mathbb{E}\left(\int_s^{\bar{s}} f(X(t; s, x, \tilde{v}), \tilde{v}_t)dt + J(\bar{s}, X(\bar{s}; s, x, v); \tilde{v})\right)$$

$$\leqslant \mathbb{E}\left(\int_s^{\bar{s}} f(X(t;s,x,\tilde{v}),\tilde{v}_t)dt + V(\bar{s},X(\bar{s};s,x,v))\right) + 3\epsilon.$$

对 $\tilde{v}$ 取下确界, 我们有

$$V(s,x) \leqslant \bar{V}(s,x) + 3\epsilon.$$

于是, $V(s,x) \leqslant \bar{V}(s,x)$. ■

注释 5.5.2 (1) $[s,T]$ 上的控制问题可转化为 $[s,\bar{s}]$ 上其终端损失为 $V(\bar{s},X_{\bar{s}})$ 的控制问题.

(2) $[s,T]$ 上的最优控制可视作两部分: $u|_{[s,\bar{s}]}$ 和 $u|_{[\bar{s},T]}$, 且后一部分在时刻 $\bar{s}$ 考察仍是最优的. 这一点可视作某种时间一致性.

最后我们将在值函数 V 属于 $C^{1,2}([0,T]\times\mathbb{R})$ 时推导它满足的 PDE, 换言之, 假设 $\partial_t V \in C([0,T]\times\mathbb{R})$ 且 $\partial_x^2 V \in C([0,T]\times\mathbb{R})$.

定理 5.5.3 (HJB 方程) V 是以下 PDE 的解

$$\begin{cases} -\partial_t V + \sup_{u\in U} G(x,u,-\partial_x V, -\partial_x^2 V) = 0, & (t,x)\in[0,T]\times\mathbb{R}, \\ V(T,x) = h(x), \end{cases} \tag{5.5.2}$$

其中

$$G(x,u,p,P) = \frac{1}{2}\sigma(x,u)^2 P + pb(x,u) - f(x,u).$$

证明 固定 $(s,x)\in[0,T]\times\mathbb{R}$ 和 $u\in U$. 取 $v_t = u$. 由动态规划原理, 我们有

$$V(s,x) \leqslant \mathbb{E}\left(\int_s^{\bar{s}} f(X_t,v_t)dt + V(\bar{s},X_{\bar{s}})\right).$$

因此, 当 $\bar{s}\to s_+$,

$$0 \geqslant -\frac{1}{\bar{s}-s}\mathbb{E}(V(\bar{s},X_{\bar{s}}) - V(s,x)) - \frac{1}{\bar{s}-s}\mathbb{E}\int_s^{\bar{s}} f(X_t,v_t)dt$$

$$= \frac{1}{\bar{s}-s}\mathbb{E}\int_s^{\bar{s}} \left(-\partial_t V(t,X_t) + G(X_t,v_t,-\partial_x V(t,X_t),-\partial_x^2 V(t,X_t))\right)dt$$

$$\to -\partial_t V(s,x) + G(x,u,-\partial_x V(s,x),-\partial_x^2 V(s,x)).$$

于是

$$-\partial_t V(s,x) + \sup_{u\in U} G(x,u,-\partial_x V(s,x),-\partial_x^2 V(s,x)) \leqslant 0.$$

另一方面, 对任意 $\epsilon > 0$, $\bar{s} - s > 0$ 充分小, 存在控制 $v \in \mathcal{U}[s, T]$ 满足

$$\mathbb{E}\left(\int_s^{\bar{s}} f(X_t, v_t)dt + V(\bar{s}, X_{\bar{s}})\right) < V(s, x) + \epsilon(\bar{s} - s).$$

那么

$$-\epsilon \leqslant -\frac{1}{\bar{s} - s}\mathbb{E}(V(\bar{s}, X_{\bar{s}}) - V(s, x)) - \frac{1}{\bar{s} - s}\mathbb{E}\int_s^{\bar{s}} f(X_t, v_t)dt$$

$$= \frac{1}{\bar{s} - s}\mathbb{E}\int_s^{\bar{s}} \left(-\partial_t V(t, X_t) + G(X_t, v_t, -\partial_x V(t, X_t), -\partial_x^2 V(t, X_t))\right) dt$$

$$\leqslant \frac{1}{\bar{s} - s}\mathbb{E}\int_s^{\bar{s}} \left(-\partial_t V(t, X_t) + \sup_{u \in U} G(X_t, u, -\partial_x V(t, X_t), -\partial_x^2 V(t, X_t))\right) dt.$$

先取 $\bar{s} \downarrow s$, 再令 $\epsilon \to 0$, 得

$$0 \leqslant -\partial_t V(s, x) + \sup_{u \in U} G(x, u, -\partial_x V(s, x), -\partial_x^2 V(s, x)).$$

综上所述, 定理得证.   ∎

注释 5.5.4　当 $V \notin C^{1,2}([0, T] \times \mathbb{R})$ 时, V 是 (5.5.2) 的黏性解. 黏性解的概念及相关内容不在本书介绍范围, 建议有兴趣的读者参考其他书籍, 例如文献 [9].

5.6　SMP 与 DPP 的关系

在本节中, 我们建立 DPP(danamic programming principle) 和 SMP(stochastic maximun principle) 之间的关系.

引理 5.6.1　设 (u, X) 是控制问题初值为 (s, x) 的最优对. 那么

$$V(t, X_t) = \mathbb{E}\left(\int_t^T f(X_r, u_r)dr + h(X_T)\Big|\mathcal{F}_t\right) \quad \text{a.s.,} \quad \forall t \in [s, T].$$

证明　类似于动态规划原理的证明, 我们有

$$V(s, x) = J(s, x; u)$$

$$= \mathbb{E}\left(\int_s^t f(X_r, u_r)dr + \mathbb{E}\left(\int_t^T f(X_r, u_r)dr + h(X_T)\Big|\mathcal{F}_t\right)\right)$$

$$= \mathbb{E}\left(\int_s^t f(X_r, u_r)dr + J(t, X_t; u_t)\right)$$

$$\geqslant \mathbb{E}\left(\int_s^t f(X_r, u_r)dr + V(t, X_t)\right)$$

$$\geqslant V(s, x),$$

其中最后一步源于动态规划原理. 因此, 以上所有不等式成为等式. 特殊地,

$$\mathbb{E}J(t, X_t; u_t) = \mathbb{E}V(t, X_t).$$

但是, $J(t, X_t; u_t) \leqslant V(t, X_t)$ a.s., 所以

$$J(t, X_t; u_t) = V(t, X_t) \text{ a.s.}. \qquad \blacksquare$$

定理 5.6.2 设 (u, X, p, q) 是最优控制问题初值为 $(0, x)$ 的最优四元组. 设值函数 $V \in C^{1,2}([0, T] \times \mathbb{R})$. 那么, 对几乎所有的 t, 在几乎必然的意义下,

$$\partial_t V(t, X_t) = G(X_t, u_t, -\partial_x V(t, X_t), -\partial_x^2 V(t, X_t))$$
$$= \max_{u \in U} G(X_t, u, -\partial_x V(t, X_t), -\partial_x^2 V(t, X_t)). \qquad (5.6.1)$$

进一步, 若 $V \in C^{1,3}([0, T] \times \mathbb{R})$, 则对几乎所有的 t, 在几乎处处意义下,

$$\begin{cases} p_t = -\partial_x V(t, X_t), \\ q_t = -\sigma(X_t, u_t)\partial_x^2 V(t, X_t). \end{cases} \qquad (5.6.2)$$

证明 记

$$m_t \equiv \mathbb{E}\left(\int_0^T f(X_r, u_r)dr + h(X_T)\Big|\mathcal{F}_t\right), \quad t \in [0, T].$$

那么, m 是平方可积鞅. 因此, 由鞅表示定理, 我们有

$$m_t = m_0 + \int_0^t M_r dW_r$$
$$= V(0, x) + \int_0^t M_r dW_r,$$

其中 $M \in L_{\mathbb{F}}^2(0, T)$. 由引理 5.6.1, 我们有

$$V(t, X_t) = m_t - \int_0^t f(X_r, u_r)dr$$
$$= V(0, x) - \int_0^t f(X_r, u_r)dr + \int_0^t M_r dW_r.$$

另一方面, 由 Itô 公式得

$$dV(t, X_t)$$
$$= \left(\partial_t V(t, X_t) + b(X_t, u_t) \partial_x V(t, X_t) + \frac{1}{2} \sigma^2(X_t, u_t) \partial_x^2 V(t, X_t) \right) dt$$
$$+ \sigma(X_t, u_t) \partial_x V(t, X_t) dW_t.$$

比较以上两等式, 得

$$\begin{cases} \partial_t V(t, X_t) + b(X_t, u_t) \partial_x V(t, X_t) + \frac{1}{2} \sigma^2(X_t, u_t) \partial_x^2 V(t, X_t) \\ = -f(X_t, u_t), \\ \sigma(X_t, u_t) \partial_x V(t, X_t) = M_t. \end{cases} \tag{5.6.3}$$

于是证明了 (5.6.1) 的第一个等式. 因 $V \in C^{1,2}([0, T] \times \mathbb{R})$ 满足 HJB 方程, (5.6.1) 的第二个等式自然成立.

现在我们继续证明 (5.6.2). 注意到对任意 $x \in \mathbb{R}$,

$$G(X_t, u_t, -\partial_x V(t, X_t), -\partial_x^2 V(t, X_t)) - \partial_t V(t, X_t)$$
$$= 0$$
$$\geqslant G(x, u_t, -\partial_x V(t, x), -\partial_x^2 V(t, x)) - \partial_t V(t, x),$$

其中不等式由 HJB 方程得到. 即上式右端作为 x 的函数在 $x = X_t$ 取得最大值. 所以, 对 $V \in C^{1,3}([0, T] \times \mathbb{R})$, 有

$$\partial_x \left(G(x, u_t, -\partial_x V(t, x), -\partial_x^2 V(t, x)) - \partial_t V(t, x) \right) \big|_{x = X_t} = 0,$$

等价于

$$\partial_{tx}^2 V(t, X_t) + b(X_t, u_t) \partial_x^2 V(t, X_t) + \partial_x b(X_t, u_t) \partial_x V(t, X_t)$$
$$+ \frac{1}{2} \sigma(X_t, u_t)^2 \partial_x^3 V(t, X_t) + \sigma(X_t, u_t) \partial_x \sigma(X_t, u_t) \partial_x^2 V(t, X_t)$$
$$+ \partial_x f(X_t, u_t) = 0.$$

记 (5.6.2) 右端为 $\bar{p}_t$ 和 $\bar{q}_t$. 现在对 $\partial_x V(t, X_t)$ 用 Itô 公式得

$$-d\bar{p}_t = d\partial_x V(t, X_t)$$
$$= \left(\partial_{tx}^2 V(t, X_t) + b(X_t, u_t) \partial_x^2 V(t, X_t) + \frac{1}{2} \sigma(X_t, u_t)^2 \partial_x^3 V(t, X_t) \right) dt$$

$$+ \sigma(X_t, u_t)\partial_x^2 V(t, X_t)dW_t$$

$$= -\bigg(\partial_x b(X_t, u_t)\partial_x V(t, X_t) + \sigma(X_t, u_t)\partial_x \sigma(X_t, u_t)\partial_x^2 V(t, X_t)$$

$$+ \partial_x f(X_t, u_t)\bigg)dt + \sigma(X_t, u_t)\partial_x^2 V(t, X_t)dW_t$$

$$= (\partial_x b(X_t, u_t)\bar{p}_t - \partial_x \sigma(X_t, u_t)\bar{q}_t - \partial_x f(X_t, u_t))\,dt + \bar{q}_t dW_t.$$

注意

$$\bar{p}_T = -\partial_x V(T, X_T) = -h'(X_T).$$

由对偶方程解的唯一性, 得 (5.6.2). ∎

注释 5.6.3 假设方程 (5.6.1) 可解, 得 $u_t = \gamma(X_t)$, 代入状态方程则得解 X_t, 从而得到最优反馈控制 u_t.

5.7 练 习 题

1. 控制问题

$$J(s, x) = \inf_u \mathbb{E}_{s,x}\left(\int_s^\infty e^{-\alpha t}\left(\theta(X_t) + u_t^2\right)dt\right),$$

其中

$$dX_t = u_t dt + dB_t, \quad X_0 = x,$$

$\alpha > 0, \theta : \mathbb{R} \to \mathbb{R}$ 是有界连续函数. 写出该问题的 HJB 方程. 证明其最优控制为

$$u^*(t, x) = -\frac{1}{2}e^{\alpha t}\frac{\partial J}{\partial x}.$$

2. 设债券 $P(t)$ 和股票价格 $S(t)$ 满足

$$dP(t) = rP(t)dt,$$

$$dS(t) = S(t)(a + m(t))dt + \sigma dW(t),$$

其中

$$dm(t) = \alpha m(t)dt + \beta dB(t),$$

B 和 W 是相互独立的布朗运动. 设 u_t 是 t 时刻投资到股票的资金. 于是, 资产过程

$$dX_t = (rX_t + (m(t) + a - r)u_t)dt + u_t\sigma dW_t, \quad X_0 = x.$$

设效用函数为

$$U(x) = \lambda \frac{m}{\nu} e^{-\nu x},$$

其中 λ, ν, m 为常数. 优化目标为

$$V(t, x, m) = \max_u \mathbb{E}(U(X(T))).$$

写出其 HJB 方程并解得最优策略.

3. 设

$$dX_t = b(u_t, X_t)dt + \sigma(u_t, X_t)dB_t, \quad X_0 = x.$$

$$\Phi(s, x) = \inf_u \mathbb{E}_{s,x} \left(\int_s^\infty e^{-\rho t} f(u_t, X_t)dt \right),$$

f 是实值有界函数, 马氏控制 $u_t = u(X_t)$. 证明

$$\Phi(s, x) = e^{-\rho s} \xi(x), \quad 其中 \ \xi(x) = \Phi(0, x).$$

4. 设

$$dX_t = r u_t X_t dt + \alpha u_t X_t dB_t,$$

$$J(t, x) = \sup_u \mathbb{E}_{s,x} \left(\int_s^\infty e^{-\rho t} f(X_t)dt \right),$$

其中 r, ρ, α 为常数, f 是有界连续函数.

(1) 推导该问题的 HJB 方程

$$\sup_{v \in \mathbb{R}} \left\{ e^{-\rho t} f(x) + \frac{\partial J}{\partial t} + r v x \frac{\partial J}{\partial x} + \frac{1}{2} \alpha^2 v^2 x^2 \frac{\partial^2 J}{\partial x^2} \right\} = 0.$$

说明

$$\frac{\partial^2 J}{\partial x^2} \leqslant 0.$$

(2) 若 $\dfrac{\partial^2 J}{\partial x^2} < 0$. 证明

$$u^*(t, x) = -\frac{r \dfrac{\partial J}{\partial x}}{\alpha^2 x \dfrac{\partial^2 J}{\partial x^2}}$$

和

$$2\alpha^2 \left(e^{-\rho t} f(x) + \frac{\partial J}{\partial t} \right) \frac{\partial^2 J}{\partial x^2} - r^2 \left(\frac{\partial J}{\partial x} \right)^2 = 0.$$

(3) 设 $\dfrac{\partial^2 J}{\partial x^2} = 0$. 证明: $\dfrac{\partial J}{\partial x} = 0$ 和

$$e^{-\rho t} f(x) + \frac{\partial J}{\partial t} = 0.$$

(4) 设 $u_t^* = u^*(X_t)$ 和 (2) 成立. 证明 $J(t, x) = e^{-\rho t} \xi(x)$ 和

$$2\alpha^2 (f - \rho \xi) \xi'' - r^2 (\xi')^2 = 0.$$

5. 设状态方程为

$$\begin{cases} dx(t) = b(t, x(t), x(t-\delta), v(t), v(t-\delta)) dt \\ \qquad + \sigma(t, x(t), x(t-\delta), v(t), v(t-\delta)) dB(t), \quad t \in [0, T], \\ x(t) = \xi(t), \quad v(t) = \eta(t), \quad t \in [-\delta, 0], \end{cases}$$

其中 δ 是正的常数, ξ 和 η 是随机变量. 效用函数为

$$J(v(\cdot)) = \mathbb{E} \left[\int_0^T l(t, x(t), v(t), v(t-\delta)) \, dt + \varphi(x(T)) \right].$$

用随机最大值原理求解此问题.

6. 设

$$dX_t = (\mu - \rho X_t - u_t) dt + \sigma dB_t, \quad X_0 = x,$$

$$\phi(x) = \sup_u \mathbb{E}_x \left(\int_0^T e^{-\delta t} \frac{u_t^\gamma}{\gamma} dt + \lambda X_T \right),$$

其中 $\mu, \rho, \sigma, T, \delta > 0$, $\gamma \in (0, 1)$ 均为常数. 分别用动态规划原理和随机最大值原理解该问题. 并给出二者之间的联系.

7. 设

$$dX_t = u_t dt + \sigma dB_t, \quad X_0 = x,$$

$$\phi(x) = \inf_u \mathbb{E}_x \left(\int_0^T (X_t^2 + \theta u_t^2) \, dt + \lambda X_T^2 \right),$$

其中 θ 为常数. 分别用动态规划原理和随机最大值原理求解该问题. 并给出二者之间的联系.

8. 求解随机控制问题

$$\phi(x) = \sup_{c(t) \geqslant 0} \mathbb{E}_x \left(\int_0^\tau e^{-\delta t} \ln c(t) dt \right),$$

其中

$$\tau = \inf\{t > 0 : X_t \leqslant 0\},$$

$$dX_t = X_t(\mu_t dt + \sigma dB_t) - c(t)dt, \quad X_0 = x,$$

其中 $\delta > 0, \mu, \sigma$ 为常数.

9. 求解随机控制问题

$$\phi(x) = \sup_{c(t)\geqslant 0} \mathbb{E}_x\left(\int_0^T e^{-\delta t}\ln c(t)dt + \lambda e^{-\delta T}\ln X(T)\right),$$

其中

$$dX_t = X_t(\mu_t dt + \sigma dB_t) - c(t)dt, \quad X_0 = x,$$

其中 $\delta > 0, \lambda > 0, \mu, \sigma$ 均为常数.

10. 设

$$f(x) = \begin{cases} x^2, & 0 \leqslant x \leqslant 1, \\ \sqrt{x}, & x > 1, \end{cases}$$

$$J(s, x, u) = \mathbb{E}_{s,x}\left[\int_0^\tau e^{-\rho(t+s)}f(X_t)dt\right],$$

值函数

$$\Phi(s, x) = \sup_u J(s, x, u),$$

其中

$$dX_t = u_t dB_t,$$

$$\tau = \inf\{t > 0 : X_t \leqslant 0\},$$

(1) 定义

$$\phi(s, x) = \frac{1}{\rho}e^{-\rho s}\hat{f}(x), \quad x \geqslant 0,$$

其中

$$\hat{f}(x) = \begin{cases} x, & 0 \leqslant x \leqslant 1, \\ \sqrt{x}, & x > 1, \end{cases}$$

证明:

$$J(s, x, u) \leqslant \phi(s, x).$$

(2) 证明:

$$\Phi(s, x) = \phi(s, x).$$

参 考 文 献

[1] Boltyanski V G, Gamkrelidze R V, Pontryagin L S. On the theory of optimal processes. Dokl. Akad. Nauk SSSR, 1956, 10: 7-10 (in Russian).

[2] Boltyanskii V G, Gamkrelidze R V, Pontryagin L S. The theory of optimal processes, I: The maximum principle. Izv. Akad. Nauk SSSR Ser. Mat., 1960, 24: 3-42 (in Russian); English Transl. in Amer. Math. Soc. Transl., 1961, 18(2): 341-382.

[3] Kushner H J. On the stochastic maximum principle: Fixed time of control. J. Math. Anal. Appl., 1965, 11: 78-92.

[4] Kushner H J. On the stochastic maximum principle with "average" constraints. J. Math. Anal. Appl., 1965, 12: 13-26.

[5] Kushner H J, Schweppe F C. A maximum principle for stochastic control systems. J. Math. Anal. Appl., 1964, 8: 287-302.

[6] Ma J, Protter P, Yong J. Solving forward-backward stochastic differential equations explicitly: A four step scheme. Prob. Th. & Rel. Fields, 1994, 98: 339-359.

[7] Øksendal B. Stochastic Differential Equations. Berlin: Springer-Verlag, 2003.

[8] Peng S. A general stochastic maximum principle for optimal control problems. SIAM J. Control & Optim., 1990, 28: 966-979.

[9] Yong J M, Zhou X Y. Stochastic Controls Hamiltonian Systems and HJB Equations. Application of Mathematics, 43. New York: Springer-Verlag, 1999.

索　引

"现代数学基础丛书"已出版书目

(按出版时间排序)